边坡三维变形光纤监测关键理论、技术及应用

郑 勇 余 洁 著

西南交通大学出版社
·成 都·

```
图书在版编目（CIP）数据

边坡三维变形光纤监测关键理论、技术及应用 / 郑
勇，余洁著. -- 成都：西南交通大学出版社，2024.1
 ISBN 978-7-5643-9724-1

 Ⅰ.①边… Ⅱ.①郑… ②余… Ⅲ.①光纤传感器–
应用–边坡稳定–变形观测 Ⅳ.①TU413.6

中国国家版本馆 CIP 数据核字（2024）第 005807 号
```

Bianpo Sanwei Bianxing Guangxian Jiance Guanjian Lilun, Jishu ji Yingyong
边坡三维变形光纤监测关键理论、技术及应用
郑 勇　余 洁　著

责 任 编 辑	姜锡伟
封 面 设 计	GT 工作室
出 版 发 行	西南交通大学出版社 （四川省成都市金牛区二环路北一段 111 号 　西南交通大学创新大厦 21 楼）
营销部电话	028-87600564　028-87600533
邮 政 编 码	610031
网　　　址	http://www.xnjdcbs.com
印　　　刷	成都蜀通印务有限责任公司
成 品 尺 寸	185 mm × 260 mm
印　　　张	8.75
字　　　数	219 千
版　　　次	2024 年 1 月第 1 版
印　　　次	2024 年 1 月第 1 次
书　　　号	ISBN 978-7-5643-9724-1
定　　　价	36.00 元

图书如有印装质量问题　本社负责退换
版权所有　盗版必究　举报电话：028-87600562

前　言

我国是世界上滑坡、崩塌、泥石流等地质灾害最严重、受威胁人口最多的国家之一，近 14 年来共发生地质灾害 28.7 万多起，死伤和失踪近 1.29 万人，直接经济损失高达 565.56 亿元，但成功预报仅 1.28 万次，占比仅 4.51%。而因成功预报避免的经济损失达 116.93 亿元，安全转移 61.74 万多人，是因灾死伤和失踪人数的近 50 倍。可见对地质灾害进行及早、有效的监测预警是减轻国民经济损失、保障人民生命安全的有力手段，对保证我国经济和社会的可持续发展具有重要意义。

边坡失稳破坏是一个动态变化的过程，单凭人们的经验和直觉很难了解边坡状态的整个发展过程，必须通过精密测量仪器对边坡信息进行监测，才能准确掌握边坡稳定性状态的变化趋势。边坡滑动一般不是突发性产生的，更多是坡体表面和内部变形累积达到边坡抗力阈值后破坏演变的最终结果。随着科技水平的快速发展，从坡表变形监测到坡体内部空间非接触、全遥控、高智能、高精度的综合监测技术应用成为未来边坡监测的发展趋势。目前，已出现许多成型的边坡智能监测系统，这类系统将传感器、数据采集装置、无线传输模块、供电系统等设备进行整合，形成一个有机的整体，能实时地显示现场变形情况。但是现在开发的边坡智能监测系统成本很高，且由于各种原因很容易出现故障，不适用于国内点多面广的边坡灾害监测现状。因此，研发具有运行可靠、研制简便、精度适当、经济实用、易于操作和推广普及等特点的地质灾害普适性监测预警技术设备具有重要意义，这也正是 2018 年 11 月自然资源部召开地灾监测预警科技创新研讨会的主要会议内容。

光纤传感技术是从 20 世纪 80 年代伴随着光导纤维及光纤通信技术的发展而迅速发展起来的，是一类以光为载体、以光纤为媒介，感知和传输外界信号（被测量）的新型感测技术。它可以对沿光纤几何路径分布的外部物理参量进行连续的测量，同时获取被测物理参量的空间分布和随时间的变化信息，具有体积小、耐高温、抗腐蚀、本质安全、传输损耗低、传输距离远、测量精度高、灵敏度高、抗电磁干扰能力强等优势，能在复杂恶劣环境下可靠运行，便于复用且可组成准分布式传感网络。

本书针对边坡失稳时的表面拉裂、竖向变形和深部变形等共性特点和目前国内边坡失稳量多面广的大规模变形监测普适性需求，以光纤传感技术中较为成熟和解调设备成本较低的光时域反射技术和弱反射光纤光栅传感技术为手段，对传感器研制、结构设计与封装、传感器本身结构对光损耗的影响、传感器光损耗与位移传感特性、应变与位移转化方法、传感器测量性能及其工程应用进行了比较全面的理论与技术研究。

本书的研究工作得到了国家自然科学基金（项目编号：52108304、51478066 和 51178488）等项目的资助，在此表示感谢。同时感谢在成书过程中给予帮助的老师、同事、学生。

希望本书的出版能够对从事岩土工程健康监测和光纤传感技术领域研究的科研人员、工程技术人员和高等院校相关专业的师生有所帮助。

由于作者水平有限，书中不足之处在所难免，恳请读者不吝赐教、指正。

郑　勇

2023 年 8 月于重庆

目 录

1 绪 论 ………………………………………………………………………… 001
　1.1 研究背景和意义 ………………………………………………………… 001
　1.2 国内外研究现状 ………………………………………………………… 003
　1.3 主要研究内容和技术路线 ……………………………………………… 012

2 光时域反射技术与光纤光栅传感理论 ………………………………………… 015
　2.1 光纤的基本特性 ………………………………………………………… 015
　2.2 时域分布式光纤传感技术 ……………………………………………… 017
　2.3 准分布式光纤光栅传感技术 …………………………………………… 023

3 边坡表面拉裂变形光纤监测技术研究 ………………………………………… 026
　3.1 引 言 …………………………………………………………………… 026
　3.2 线性光纤弯曲损耗位移传感原理 ……………………………………… 026
　3.3 齿轮传动型光纤弯曲损耗位移监测技术 ……………………………… 027
　3.4 A字形光纤弯曲损耗位移监测技术 …………………………………… 034
　3.5 本章小结 ………………………………………………………………… 038

4 边坡竖向变形光纤监测技术研究 ……………………………………………… 040
　4.1 引 言 …………………………………………………………………… 040
　4.2 弹簧式光纤缠绕结构损耗敏感性分析 ………………………………… 040
　4.3 弹簧式光纤位移监测技术 ……………………………………………… 054
　4.4 本章小结 ………………………………………………………………… 061

5 边坡深部变形光纤监测技术研究 ……………………………………………… 063
　5.1 引 言 …………………………………………………………………… 063
　5.2 滑体剪切破坏识别光纤监测技术 ……………………………………… 064
　5.3 边坡内部分布式变形光纤监测技术 …………………………………… 087
　5.4 本章小结 ………………………………………………………………… 112

6 工程应用 ··· 113

   6.1 引 言 ··· 113

   6.2 巴南区某浅层支护边坡变形监测 ··· 113

   6.3 合川区某开挖边坡稳定性监测 ·· 116

   6.4 湘潭市某填方边坡变形监测 ··· 120

   6.5 本章小结 ··· 121

参考文献 ·· 123

1 绪 论

1.1 研究背景和意义

据调查[1],滑坡、崩塌、泥石流、地面塌陷、地裂缝和地面沉降等是我国年发生次数最多、造成危害最严重的地质灾害,给人民生命安全和社会经济发展带来了巨大损失。特别是在我国西南山区,滑坡更是十分常见的地质灾害,呈现点多面广的特点,而且出现时伴随而来的泥石流等次生灾害也是危害巨大。据统计[2],2006—2019年近14年间每年滑坡灾害发生数量占全国地质灾害总数量的60%~80%,造成的人员伤亡和经济损失十分惨重,见表1.1。2015年发生在广东省深圳市的"12·20特别重大滑坡",2017年发生在四川省阿坝州茂县的"6·24茂县山体滑坡",2019年发生在贵州省六盘水市的"7·23特大山体滑坡"等属于大型滑坡,每起均造成伤亡人员超过100人、损毁和掩埋建筑物达几十栋、直接经济损失几亿元的严重后果,后续更是花费巨大人力财力用于滑坡治理。这些地质灾害无疑是阻碍国民经济发展的沉重负担。

表1.1 2006—2019年滑坡发生频次以及地质灾害造成的死亡失踪人数、受伤人数和直接经济损失[2]

年份	滑坡发生数量/起	地质灾害发生数量/起	滑坡发生数量占比/%	地质灾害造成的人员伤亡和经济损失		
				死亡失踪人数	受伤人数	直接经济损失/亿元
2006	88 523	102 804	86.11	774	453	43.16
2007	15 478	25 364	61.02	686	444	24.75
2008	13 450	26 580	50.60	754	841	32.7
2009	6 657	10 840	61.41	486	315	17.65
2010	22 329	30 670	72.80	2915	534	63.9
2011	11 490	15 664	73.35	277	138	40.1
2012	10 888	14 322	76.02	375	259	52.8
2013	9 849	15 403	63.94	669	264	101.5
2014	8 128	10 907	74.52	400	218	54.1
2015	5 616	8 224	68.29	287	138	24.9
2016	7 403	9 710	76.24	405	209	31.7
2017	5 524	7 521	73.45	354	169	35.9
2018	1 631	2 966	54.99	112	73	14.7
2019	4 220	6 181	68.27	224	75	27.7
合计	211 186	287 156	73.54	8 721	4 130	565.56

上述滑坡灾害引起的危害很大,但并非不可预防。目前常用的人工地质调查和仪器设备监测可以减少或者避免很多潜在的灾害损失。而在近几十年的全国性地质灾害调查和详查基础上,国家地质调查局已经摸清了28.6万处地灾隐患点,构建了36万人的群测群防队伍,初步形成了地质监测预警理论技术体系和科技支持保障体系,全国每年因灾伤亡人数也已经大幅度降低,地灾防治工作取得了显著成效。表1.2统计了2006—2019年全国地质灾害监测成功预报情况。在近14年中,我国地质灾害成功预报率也从最初的百分之一以下逐渐上升到近几年的百分之十几;而且因成功预报地质灾害而避免的直接经济损失达116.93亿元,占到因地质灾害造成的经济损失565.56亿元的20.68%,安全转移的人员高达617 362人,是因地质灾害造成伤亡总人数12 851人的近50倍。可见,研发准确、实时的监测技术,加强地质灾害监测体系和预报机制是最大限度地减少因灾致死和财产损失的有力手段,而且对国家经济和社会可持续发展具有促进作用。

表1.2 2006—2019年地质灾害监测成功预报统计[2]

年份	避让地质灾害/起	成功预报比例/%	安全转移人数	避免经济损失/亿元
2006	478	0.46	20 566	2.39
2007	920	3.63	37 926	5.5
2008	478	1.80	20 709	3.2
2009	209	1.93	14 330	1.64
2010	1 166	3.80	95 776	9.3
2011	403	2.57	34 456	7.2
2012	3 532	24.66	39 964	8.1
2013	1 757	11.41	187 584	19
2014	417	3.82	33 723	18.1
2015	452	5.50	20 465	5.0
2016	676	6.96	23 956	7.1
2017	1 016	14.27	39 869	12.5
2018	496	16.72	23 560	9.6
2019	948	15.34	24 478	8.3
合计	12 948	4.51	617 362	116.93

然而,成绩之下的另一数据却不容回避,自然资源部地质灾害技术指导中心首席科学家殷跃平谈道:全国每年发生的地灾,80%都发生在圈定的隐患点之外,目前对孕灾地质环境的调查远远不够,着重对易滑结构、成灾模式、预警模型的探索研究尚不能满足防灾需求。为解决地灾防治的突出问题,进一步提高专业技术水平,2018年11月,自然资源部召开地灾监测预警科技创新研讨会,明确围绕突发性地灾"防"的核心需求,聚焦"地灾隐患点在哪里"和"何时可能发生"等关键问题,针对我国地灾点多面广、野外环境恶劣、需要大规模布设的国情,制订了地质灾害普适性监测预警技术设备研发的重点计划,强调智能化系列实时监测预警仪器及动态信息平台需要具有运行可靠、研制简便、精度适当、经济实用、易于操作和推广普及等特点。

目前,在边坡地质灾害监测中,变形监测是最常见、最直接和最有效的方式。边坡失稳时必会产生变形，其表现形式为坡顶面的拉裂、潜在滑动面（带）处的剪切变形、不均匀性沉降、坡体向临空面蠕滑以及弯曲倾倒变形等[3-5]。包括全球导航卫星系统、光学雷达、干涉合成孔径雷达等在内的遥感遥测技术可以用于区域大范围内的地表变形信息监测，但一般易受天气、地形干扰，使用成本较高，且无法获取土体内部的变形情况；或者采用基于电阻式或振弦式的应变计、测斜仪、沉降标等测量到土体内部的变形，但这种测量方式多为点式测量，无法实施大范围、长距离的数据测量，具有耐久性差、测量精度低、受电磁干扰、需要人工操作记录数据等缺点。这些不同的监测技术可以单独测量边坡某部分变形，监测系统成熟、自成体系，但大多需要互相组合使用从而识别边坡体的三维变形情况，导致操作实施不便、数据接收和处理较为复杂，不利于普适性地质灾害监测预警技术的发展。近些年兴起的光纤传感技术，以光为载体、以光纤为传感媒介，可实时感测整个光纤长度方向上的温度、应力、应变和压力等基本物理量，被广泛应用在工程变形监测中[6-8]。其中：基于布里渊散射的分布式光纤技术虽然具有较高的测量精度和空间分辨率，但却有解调设备昂贵、操作系统复杂等缺点[9]，不适合大规模用于边坡监测中；而光时域反射技术和光纤光栅传感技术[10]由于技术成熟、解调设备成本较低、操作简单、具有一定测量精度（可达亚毫米、厘米级水平，这对于广大乡村地区防灾减灾来说是足够的），是应用最广泛和最多的光纤传感技术。

所以本书依托国家自然科学基金面上项目（No. 51478066）和重庆市自然科学基金项目（No. cstc2018jscx-msybX0271），基于光时域反射技术和弱反射光纤光栅传感原理，研发性价比高、结构简便、易于操作和普及推广的可解决边坡表面拉裂、竖向位移和内部位移监测的一揽子预警系统，以"边坡三维变形光纤监测关键技术与应用研究"为题展开相关研究。针对边坡失稳破坏中的变形特征，利用光纤传感技术研发性能可靠、经济实用的监测设备，展开传感器的理论分析、标定测试、数值模拟、室内模型试验和工程应用等研究，明确光纤传感器在滑坡监测中的技术指标和适用条件，探索滑坡灾害失稳破坏过程中的三维变形实时监测的综合预警体系，具有重大理论意义、市场应用前景和较高的社会价值。

1.2 国内外研究现状

边坡监测一直是现代岩土工程领域持续研究的重要课题和热点问题[11-14]。它是通过各种手段获取边坡数据，根据数据对边坡未来可能出现的状况进行预测，并及时向有关部门提供预警预报信息，为预防和治理滑坡提供可靠的理论和事实依据。边坡监测从近现代最早的日本"斋藤法"滑坡预报公式开始快速发展，跨越人工观察、经验统计以及科学预测等，最后发展到现在依赖于现代高科技监测手段，至此边坡监测技术已经取得了迅速的发展和进步。边坡监测主要包括对地表和深部位移等变形量的监测和对地下水、地应力和降雨量等变形破坏因素的监测。

在岩土工程中，对岩土体应力与应变本构关系的研究一直是重要课题，但是因为实际设计和治理中的尺寸效应、结构本身的复杂性等，很难准确获得边坡岩土体内部力学效应。随着时间的持续，边坡体遭受到复杂的自然环境和频繁的人为工程活动等影响，真实的岩土体应力状态必须通过边坡原位试验获得[15]。而边坡滑动一般不是突发性产生的，更多是坡体表面和内部变形累积达到边坡抗力阈值后破坏演变的最终结果[16]。

边坡按照变形特征进行分类，国内外学者提出了众多不同依据和方法[17]。主要有：①按变形破坏形式可分为松弛张裂、蠕动变形、崩塌、滑坡、错落、倾倒、流动等类型。② 按地质力学模式可分为蠕滑（滑移）-拉裂、滑移-压致弯曲、弯曲-拉裂（倾倒-拉裂）、塑流-拉裂、滑移-弯曲等5类。③ 按变形破坏规模和范围可分为坡面局部的剥落、冲刷和表层滑塌变形、坡顶或上部连续的张拉裂缝、下沉，或边坡中、下部的鼓胀变形、坡体的整体崩塌和滑坡变形。边坡变形破坏复杂且形式表现多样化，但在失稳的发展过程中，基本上伴随着一系列地表水平位移和垂直下沉、地面裂缝位错张开和扩展、地下宏-微观变形变化和滑动面的形成等现象[18, 19]。滑坡这些由表及里的变形发展是反映滑坡特征最直观、最突出和最容易捕捉的物理量，更是评价与分析边坡稳定性的数据来源，最终用于边坡预警[20]。因此，对边坡变形数据的监测是整个边坡监测工作中的关键一环。实际上，边坡变形监测发展到如今更多依赖于先进的仪器设备，边坡稳定分析和评价的依据也是来自监测仪器中采集的大量数据。简言之，变形监测技术的发展、进步和革命，在某种程度上就是仪器设备改进和提升的过程。

1.2.1 边坡表面位移监测

边坡表面位移监测内容包括坡顶的拉裂位错，坡体的水平位移、垂直位移和变形速率，高填方边坡中的不均匀性沉降，等。目前，边坡表面变形监测中常用的监测仪器有"3S"技术[21-24]、地面激光扫描技术[25]、合成孔径雷达干涉测量技术[26]、电荷耦合器件技术[18]、数字近景摄影测量技术[27]、全站仪[28]、测距仪[29]、裂缝计[30]、经纬仪[31]、水准仪[32]等。经纬仪、水准仪、测距仪、全站仪[31, 33, 34]是比较传统的测量仪器，在边坡地表监测中，测量效率较低、精度有限，且容易受到现场地形、植被作物及天气环境等影响。监测技术的不断发展对监测仪器有更高的要求，需要具有较高自动集成化、较高测量精度、较广测量范围等性能特点，此时一些先进的监测技术应运而生，也被广泛应用在边坡监测中。

"3S"技术——全球定位系统（Global Position System，GPS）、遥感技术（Remote Sensing，RS）、地理信息系统（Geographic Information System，GIS）等是20世纪90年代以后兴起的比较典型的非接触变形监测技术。这类技术为边坡变形监测工作提供了新的视点和强有力的支持，具有自动化程度高、全天候实时监测、定位精度可达毫米级、操作简单和实时处理数据等优点[35]，在区域性范围的地表变形监测中得到了广泛应用。例如，GPS技术在四川丹巴哑喀则滑坡[36]、长江三峡滑坡[37]和丹巴甲居滑坡[38]等大型滑坡中得到了较好的应用。刘军等[39]借助RS技术对某露天矿边坡整体地形和特征进行三维模型重构来评价分析边坡稳定性。王志旺[40]系统地总结了"3S"技术在滑坡灾害动态监测中的基本思路和关键技术问题。目前，"3S"技术在区域性地表监测中应用较多，但仍旧存在若干问题和制约因素：GPS在数据处理上需要连续的观测点和精确的起始点坐标，信号接收上必须采用高质量的双频接收机，成本较高，并且基准点坐标的确定较为困难；GIS在面向对象上进行不自然的分割和抽象，缺乏面向对象的认知方法和程序设计指导，导致GIS软件系统的可靠性和可维护性差；RS只能在白天晴朗无云的天气下进行，而对夜晚或阴雨天的滑坡监测无可奈何，但这时却是滑坡最易发生的时候，且它在分析、提取遥感影像特征来判断滑坡因素上有困难。

激光测距技术[41, 42]、激光扫描技术[43]形成于20世纪60年代后，近年来在边坡变形监测领域中深受青睐，一般与其他技术进行结合使用，比如外置数码相机，使其不再是单一化的点式变形监测，而是监测区域内成片的点云数据集合，通过处理、整合和分析点云数据集，就可以得到滑坡体表面的变形特征[44]。

合成孔径雷达干涉测量技术（Interferometric Synthetic Aperture Radar，InSAR）是利用两幅天线或单幅天线进行成像，得到同一位置处的复雷达图像对，通过干涉技术处理复雷达图像对相位差，可以得到监测地表点上任意点的空间位置和变化。InSAR 已经被证明能有效地描述与活动断层有关的大规模变形，也可以反映出小规模的变形特征，如浅层蠕变、震后及震间变形[45]。该技术是通过天体卫星获取监测区域的 SAR 数据，经过 InSAR 技术处理后得到不同的干涉图像，分析 InSAR 技术测量的变形结果精度，可以满足地表变形测量的要求[46-48]。但是该技术对于植被覆盖和雷达照明不到的边坡方向监测受到限制，对坡度有一定的要求；进行干涉处理的两幅雷达图像在获取时间、空间和物理机制上应当尽可能接近，相位信息要丰富，对成像图片的信息质量要求极高。

电荷耦合器件（Charge Coupled Device，CCD）[49]是一种形成于 20 世纪 90 年代末的半导体器件。CCD 技术的测量原理是通过解析系统转化固定在边坡体的光敏标靶上的光学波长变化，来实时获取边坡体位移。CCD 微变形监测系统[15, 41, 50]已经被应用在边坡工程中，可实现高精度且长期稳定的远程监测。

数字近景摄影测量是通过摄影测量来捕捉相同位置目标的不同画面，利用数字图像处理技术，解析出目标的空间位置变化，具有较高的测量精度，但摄影时不可避免地遭受天气和山地环境的干扰，影响到后期图像处理，且数据处理量较大。李宁等[51]结合滑坡变形特点，利用传统近景摄影技术，研发了可用于多种模型监测的滑坡预警系统，并开展边坡开挖模型试验验证了该系统的可靠性。陈楚等[52]制定了近景摄影技术在滑坡监测中的整套方案，得出了该技术可测量到滑坡体厘米级变形精度的结论。

边坡的表面变形除了常见的地表裂缝、水平位移之外，时常也会出现作为工程设施的承载体而产生地基不均匀性沉降的问题。特别是高填方边坡工程，填土体自重和地基新增附加应力可能会引起土体的沉降变形，表现为地表的塌陷、沉降现象等[53, 54]。地面沉降是一种不可逆转的永久性地面标高损失的环境地质问题，对全球各国的经济和社会发展有着不可估量的影响。2012 年 2 月 20 日，在我国颁布了首部《全国地面沉降防治规划（2011—2020 年）》之后，全国性的地面沉降防治工作得以有效和系统性地开展实施。对沉降重灾区的工作指导主要有四大措施：一是搜集资料，全面调查重灾区内的沉降情况，做好详细记录；二是布设地面沉降监测网络，为后续预防、评估提供数据依据；三是管制和治理，主要是针对地下水过度开采的控制；四是监测技术创新，设备仪器要与时俱进，结合新型先进技术为地面沉降监测和治理保驾护航[55]。由此可见，地面沉降监测是防治其危害必不可少的工作之一，在整个防治工作中占据着极其重要的地位。

目前，地面沉降监测技术根据监测范围可以分为区域性范围监测技术和局部小范围监测技术两大类。区域性范围的监测通常采用 InSAR 和 GPS 两种技术。InSAR 技术是以同一监测地区成像的若干张图像为基本数据源，采用干涉法分析图像之间的相位差，获取地表上任意点的三维几何特征[56]；GPS 技术则是在地面接收天空中卫星发射来的信号，通过计算出接收点的三维坐标从而进行三边定位测量[57]。而局部小范围沉降监测主要采用水准测量、基岩标和分层标等。水准测量[58]主要用在小范围土体沉降监测中，具有一定测量精度，但采集数据点有限；基岩标是在稳定基岩层中固定标体构件作为测量水准点，监测基岩面上的各土层的相对压缩量或膨胀量；分层标是在不同土层中有序地埋设标点，对不同土层进行分层监测。

InSAR、GPS、水准测量等在地表变形形态监测技术[32, 35-38, 45-48]中已经详细介绍过，对区域性的地面沉降监测效果很好。但 InSAR 和 GPS 使用成本较高,存在图像数据处理上的问题;水准测量是一种比较传统的监测技术,实施操作简单、技术成熟,但需要多人配合,自动化程度较低。基岩标和分层标作为一种点式沉降监测方式,数据真实可靠,稳定性高,但也对埋设技术、施工标准等有较高要求,测量数据有限,存在不能实时监测等缺点[59, 60]。

综上所述,典型的非接触性地表变形测量技术,比如"3S"技术、激光扫描技术、InSAR、近景摄影测量技术等,具有测量精度高、数据信息量大和能动态捕获大范围区域滑坡信息的特点,但是普遍存在成本较高、数据处理复杂、受天气环境干扰等问题。而传统的水准测量、裂缝计、伸长计、基岩标、分层标等点式接触性测量技术,大多存在自动化程度低、数据信息量有限、需要人工操作记录数据等缺点。因此,研发一种集高精度测量、性能稳定可靠、大量数据采集和传输、结构操作简单、成本合适、可实时分布式监测于一体的新型传感监测技术,显得尤为紧迫和重要。

1.2.2 边坡地下深部位移监测

深部位移监测是滑坡监测体系中重要一环。它主要是基于钻孔监测数据来获取土体深部位移场信息,包括滑动量、滑动速率和滑动面位置等,且与地表位移监测、结构物应力监测等项目共同构成边坡体稳定性评价体系。常见的深部位移监测方法有:钻孔倾斜测量仪[61-63]、应变管监测技术[64]、时域反射技术[65-67]、阵列式位移计[68-70]等。

钻孔测斜仪是深部位移监测中最为常见的一种原位监测仪器。首先在监测位置处钻取一定深度(直达基岩稳定层)的竖直孔,然后安装聚氯乙烯(PVC)或铝制测斜管。其工作原理是利用测斜仪滑轮沿测斜管内壁互相垂直的导向槽上下升降、移动,通过测斜倾角和管长换算出侧向变形量。钻孔测斜仪在国内发展和应用时间仅 20 年左右,但已经在土体深部变形监测中占据着举足轻重的位置[62, 71, 72],并且取得了较好的监测效果[73-75]。钻孔测斜仪虽然效果不错,但是对现场操作的专业技术人员要求很高,需要的测斜管数量多、成本高(常规 ABS 树脂、铝合金材质测斜管成本为 70 元/m),且不能用于远程遥测,已逐渐被可实时、远程操作、长距离信号传输的光纤传感技术替代。

应变管监测技术是将具有可感应应变的电阻应变片粘贴固定在弹性管材或杆材上,用胶布缠绕做好防水层,通过引线接上采集仪就可以监测使用。应变管监测技术的工作原理是:预埋在坡体内的应变管在边坡位移滑动时产生弯曲变形,导致粘贴在应变管上的电阻应变片上产生轴向应变,对应变数据进行处理分析,就可以确定出滑坡体内部的侧向位移和潜在滑动面位置。应变管测量技术通过引线连接到电源上工作,对电阻应变片的地下防腐、防水和抗干扰性有要求。因此,这种测量技术的数据稳定性一般较低,同时应变片外接引线较多,不便于现场操作和野外工作稳健性[76]。

时域反射技术(Time Domain Reflectometry,TDR)实际是一根可传输信号的同轴电缆线,利用电脉冲信号发生器和接收器来激发和感应外部信号。边坡体运动时会剪切或拉伸埋设在钻孔中的同轴电缆,导致电缆受力区域上特性阻抗发生改变,信号接收器中会接收到测试信号与反射信号,分析两者之间差异可判断电缆几何特性发生改变的位置,进一步反演出边坡体内部位移。陈云敏等[77]在水泥砂浆中浇筑了 3 种不同型号同轴电缆进行剪切测试,结果表明同轴电缆中的剪切变形量与发射系数变化量之间呈显著线性关系。晏鄂川等[78, 79]对 TDR 技术的变形监测机理进行了全面研究,并在三峡库区边坡中展开了应用和实时监测,结果表明 TDR

技术和传统钻孔测斜仪对边坡变形监测具有同样效果。TDR 技术虽然具有检测时间短、数据提取便捷、能远程遥测、安全性高等优点，但其缺点是不能判断出钻孔内同轴电缆是处于拉伸还是剪切状态，会影响到数据的分析和处理，且在滑移面位置及位移量识别上难度较大[66, 77]。

阵列式位移计（Shape Acceleration Array，SAA）是一种利用微电子技术进行监测的方法，可以识别岩土体的位移和加速度等参数[80]。SAA 是由多个具有温度感应模块、加速度感应系统和动态识别模块等的连续段节串联组成的，每节的已知长度为 50 cm 或 1 m，实际长度可根据需要定制。目前，国内外对 SAA 技术的研究正从初期实践阶段发展到具体应用，Bennett 等[81]、Abdoun 等[82]和 Rollins 等[83]将 SAA 技术应用到边坡监测领域中，结果表明了 SAA 监测设备的可行性。唐柏赞等[84]利用 SAA 技术有效地监测到地基水平位移。陈贺等[85]在高速公路滑坡监测中，应用 SAA 技术和传统设备对比监测，结果表明两种方式均可以对滑坡整个变形破坏过程中的位移速率、加速度及动能和动能变化等信息进行识别和分析。可见，SAA 技术可用于滑坡预警监测，且具有较大量程、较高的数据稳定性和可远程实时监控等优点。

基于钻孔数据的传统深部测斜技术，比如钻孔测斜仪、应变管监测技术、TDR 同轴电缆和地下多点位移计等，往往受制于实际工作测量时间长、抗电磁干扰能力差、高精度获取地下信息难、工作量大等因素，而最近兴起的光纤传感器具有分布式传感、尺寸小、精度高、耐久性强、抗电磁干扰、可进行长距离与大容量信息传输和测量等优点[86]，可以检测出一个光纤链路上空间分布点的多个参数量信息。光纤传感技术自问世以来，就深受地质与岩土工程领域专家学者的青睐，已经被广泛应用到地质与岩土工程健康监测中[8-10, 87, 88]。关于光纤传感器的相关知识将在下文中详细介绍。

1.2.3 光纤传感技术研究及工程应用

光纤传感技术始于 1977 年。光纤传感器可实时感知和传输外界信号，最初仅仅被用于事件的定性监测，而后逐渐被大量用于被测对象时空上的多参量定量准确检测。1990 年，Mendez 等[89]首次将光纤传感器应用在土木工程中的混凝土结构裂缝监测上，为后来的科研学者们提供了方向和思路。随后，光纤传感系统在工程监测领域中的研究和应用如雨后春笋般爆发，已经从最初的混凝土结构裂缝检测逐渐扩展到桩柱、地基、桥梁、大坝、隧道、大楼、地震以及山体滑坡等复杂工程的健康诊断上。光纤传感技术可以在很大的空间上进行连续传感，而且传感部分结构简单，使用方便，可进行远距离、大范围信号检测和传输，逐渐成为地质和岩土工程健康监测领域中的新生宠儿[90-95]。

目前，市面上使用较多的光纤传感技术有两类：一类是以光纤布拉格光栅（Fiber Bragg Grating，FBG）为主的准分布式传感技术[96, 97]，这种传感技术较为成熟，工厂化制作方便，易于封装；另一类是基于瑞利散射的光时域反射（Optical Time Domain Refletometer，OTDR）以及基于布里渊散射的分布式传感技术，它们具有典型的分布式感应外部物理量的特点。基于布里渊散射的分布式传感技术主要包括：基于布里渊光时域反射（Brillouin Optical Time Domain Refletometer，BOTDR）、基于布里渊光时域分析（Brillouin Optical Time Domain Analysis，BOTDA）、基于布里渊光频域（Brillouin Optical Frequency Domain Analysis，BOFDA）的光纤传感技术[98]。

BOTDR 是一种自发布里渊散射，信号较微弱，测试时从一端输入和接受脉冲光，使用方便，可用于分布式应变和温度检测，应变精度在 30 με 以上，空间分辨率在 500 mm 以上。2002

年，南京大学施斌将 BOTDR 技术引入地质灾害与岩土工程监测领域中，并随即在滑坡[99]和隧道[100]变形监测中进行了大量研究，取得了一系列重要成果。在近些年内，国内学者们也利用 BOTDR 展开了相关岩土工程的应用研究，李焕强等[101]将 BOTDR 技术应用到室内边坡模型监测中，得到了降雨边坡内部变形规律。刘永莉等[102]采用 BOTDR 技术完整监测到浙江省官家滑坡的表面变形。孙义杰等[103]结合 BOTDR 和 FBG 技术，将应变传感光缆粘贴在测斜管的外表面上制成应变管应用在三峡库区马家沟滑坡中，成功监测到滑坡体内部变形场规律。BOTDR 具有单端检测的优势，适合于边坡工程监测；但其信号较微弱，测量精度和范围受到限制，检测困难，对仪器设备要求较高，解调价格昂贵，不适合于大规模多点面的地灾监测布设。

BOTDA 和 BOFDA 是两种受激布里渊散射，信号较强烈，测试时从两端注入脉冲光，不便于使用，优点是分辨率和测量精度更高。BOTDA 光纤最小空间分辨率为 100 mm，应变测量精度为 7.5 με；BOFDA 光纤最小空间分辨率为 200 mm，应变测量精度为 2 με，检测动态范围大[104, 105]。近些年，邓清禄等[106]将 BOTDA 技术应用在巴东野三河不稳定斜坡上，对变形监测中出现的若干技术问题提出了相应解决办法。朱鸿鹄等[107]采用 BOTDA 技术监测模型边坡应变分布情况。施斌等[108]研发出一种基于 PPP-BOTDA 的特种感测光缆，对模型边坡内部土体变形进行了分布式监测。卢毅等[109]采用 BOFDA 技术监测到地面塌陷模型的沉降变形过程。目前，这两种技术的研究和使用较多，但由于需要两端测量，解析系统较为复杂，不能检测出链路中的断点，两端信号之间容易交叉干扰，仪器成本也较高，主要还是处于理论与室内模型试验研究阶段，真正大量应用于现场滑坡监测的还极少。

OTDR 和 FBG 技术由于出现较早，研究较为成熟，解调设备成本较低，操作简单，且具有一定测量精度，是目前应用最广泛和最多的光纤传感技术，也是本书研究的主要技术手段。下面对这两种光纤传感技术的发展和应用进行详细介绍。

1. 光时域反射技术（OTDR）

OTDR 是应用最早的分布式光纤传感技术，主要用于检测通信系统中的光纤光损、断裂点的位置[110]。1980 年，Fields 和 Cole 首次利用 OTDR 技术提出了光纤微弯损耗型传感器，用于分布式应变和位移检测，引起了学者们的广泛关注，并研制出一系列用于各种工程问题检测的位移传感器。

Ansari 等[111]提出了一种适用于结构变形监测的光纤环形式的传感器，嵌入被测量的混凝土结构中进行耦合。传感器提前预设在裂缝可能出现的位置处，结构出现裂缝时会导致光纤环路的几何结构变化，产生大量弯曲损耗，可以测量到裂纹尖端张开位移、开口速度和加速度等。Sienkiewicz 等[112]首次提出了 8 字形非周期性弯曲调制结构的光纤位移传感器，外部物理量可以引起光纤弯曲半径改变，具有较高的灵敏度（475 mV/mm）和较宽的测量位移响应（30 mm）。在 Sienkiewicz 的研究基础上，Pinto 等[113]提出了一种由位移引起弯曲机制的准分布式光纤位移传感器，通过 4 个位移传感头沿标准单模光纤放置于不同间隔距离的多个位置上，可测量的最大位移响应为 120 mm，同时具有较高灵敏度（0.027 dB/mm）。在国内，刘浩吾等[114]提出了一种用于裂缝检测的"斜交光纤裂缝传感器"，当混凝土结构出现裂缝时，轻微的错动、滑移导致裂缝两侧的光纤产生微弯损耗，从而检测出混凝土的裂缝位置与开度，也可检测滑移。骆飞等[115, 116]通过附加机械装置上下齿轮结构，提出一种利用 OTDR 仪检测裂纹形成和扩展的"之字形"光纤弯曲传感器，将多个弯曲传感器串联组合成一个传感器阵列，可实现结构局部应变或变形的准分布式传感监测。李川等[117]研发了一种可以测量双方向应变-位移的传感器，被有效地用于结构中进行应变和位移测量，证明了这种光纤弯曲损耗型传感器的变形监测可行性，其缺点是测量范围有限。Kwon 等[118]提出了在一个光纤链路上串联 5 个光纤位移传感器构成准分布式传感网络的想法，并用来监测土质边坡稳定性，利用 OTDR 分析各个相互独立的传感器中的返回光功率信号，证明了这种准分布式传感系统的测量可行性。柴敬等[119]基于光时域反射技术和光纤弯曲损耗特性，提出了一种适用于岩石类材料微-细-宏观变形的光纤传感测试系统，并开展煤矿上覆岩层垮落的室内模型试验，测试系统很好地识别出了岩梁在垮塌下沉中的位移量。唐天国等[120]将单模光纤浇筑在混凝土类岩石结构中，利用光纤微弯损耗特性与光时域反射技术检测出岩石滑动损伤破坏特征，利用多个微弯传感器组合形成分布式传感阵列用于监测岩体的局部滑移或变相，OTDR 可以方便地询问每个传感节点。传感器的动态响应范围为 0~3.6 mm，对应损耗量为 30~50 dB。Higuchi 等[121]真正地利用 OTDR 将光纤传感技术用于日本东部 Fukushima 县 Takisaka 滑坡的监测中，通过对滑坡体表面进行长期远程监测，捕获到坡体表面可达毫米级水平的变形监测。但由于在传输和传感中利用光缆代替裸光纤，光缆的涂覆层影响到光纤损耗的传输，导致测量的地表位移滞后，而使得测量数据不稳定，累计误差达到 10 mm。包腾飞等[122]提出了一种"打结"形成的环形裸光纤传感器，环形线圈的两端被固定于混凝土结构可能发生裂缝的两侧，裂缝产生的滑动会拉伸线圈两端导致其直径减小，从而引起相应的光纤弯曲损耗，可测量到 26 mm 的滑移量。Marzuki 等[123]提出了一种基于光纤弯曲损耗原理的地面位移预警系统，其最大测量位移可达 40 cm，灵敏度为（0.59±0.02）dB/mm，但是该传感器在现场应用中适宜性比较低。程琳等[124]研发了一种用于边坡或坝体表面裂缝变形监测的光纤位移传感器。为了监测路面在实际荷载作用下的力学响应，孟令健等[125]提出了一种宏观弯曲损耗调制方法。在不同直径的铝棒上螺旋缠绕着光纤，结构的变形引起缠绕在铝棒上光纤线圈曲率发生变化，缠绕光纤中将产生弯曲损耗。此项研究成果对研制大应变光纤岩土工程监测系统具有重要意义。

表 1.3 展示了上述基于光时域反射技术的几种典型光纤传感器的性能参数和传感结构。基于光时域反射技术的光纤传感器存在一些局限性，例如与其他解调技术相比，灵敏度较低，存在潜在的误差来源主要是连接与拼接导致的可变损耗、温度漂移等；但是这类弯曲损耗型传感器一般具有较宽的位移量程和中等的灵敏度，且结构简单、灵活性较高、使用成本低，目前主要应用在边坡地表位移和裂缝位错监测中，而对深部位移监测还涉及较少，但是在一些大型岩土工程和地质灾害事件监测中，仍可发挥较好的作用，具有推广应用价值，比如适合于本书中滑坡崩塌灾害普适性实时监测预警技术的研发。

表 1.3　基于弯曲损耗的几种典型光纤传感器在岩土工程监测中的性能比较

传感结构	测量范围/mm	灵敏度	文献
一根光纤被缠绕成 8 字形结构	0~410	475 mV/mm	[112]
几个位移传感头在单模光纤上沿不同间距布置	0~120	0.027 dB/mm	[113]
将塑料光纤包裹在与机械位移转换器相连的多孔弹性圆筒上	0~400	（0.59±0.02）dB/mm	[123]
控制光纤缠绕轴保持光纤弯曲半径不变同时增加或者减小弯曲长度	0~100	0.325 7 dB/mm	[124]

2. 光纤布拉格光栅（FBG）

1993 年，Hill 等[96]提出了位相掩模技术，发现光纤的光敏特性，研制了第一个 FBG。随后，一些学者[126]开始利用 FBG 制作的传感器进行试验研究，探寻出光纤光栅传感器可有效地用于外部物理信息的识别和检测，对温度和应变具有较好的感应能力。光纤光栅除了光纤本身的特点外，还具有使用方便、全兼容于光纤、波长对温度和应变的变化较为敏感、制作工艺成熟、粘贴或埋设容易等优点，已在地质和岩土工程监测领域得到了广泛的应用。

在边坡监测领域中，Yoshida 等[127]研发了一种利用 FBG 钻孔测斜仪进行边坡监测的系统，应用于在建人工边坡的变形监测中长达 4 个月。这种测斜仪安装在测斜套管的内部导槽中，主要由若干个 1 m 长的弹性接头彼此相互连接，弹性接头由铰链板和两个传感管组成，一个传感管中有光纤光栅用于应变测量，另一个传感管中是信号传输的光纤。2004 年，代志勇等[128]利用光纤光栅传感器监测滑坡应力，结果表明可到达的空间分辨率为 2 m，最大应力值为 15 MPa，适用于 1 km 距离以内的山体滑坡监测。Ho 等[129]设计了一种利用光纤光栅作为应变传感媒介的 FBG 分段式挠度计，嵌入常规测斜套管中，测量各部分之间的相对偏转，以此计算出周围岩土体的横向位移。作者进一步开展室内和现场试验，并将 FBG 分段式挠度计的结果与常规测斜仪读数进行对比。结论表明，FBG 分段式挠度计监测系统能有效地反映岩土结构的变形情况，监测系统具有较好的可靠性。李川等[130]研发了一种金属槽封装结构的十字形 FBG 传感装置，并成功应用在隧道滑坡地段中监测降雨量与应力关系。陈凌军等[131]将光纤布拉格光栅传感系统应用到一个滑坡不安全点中，利用滑坡体的变形与系统测量的应变信息，成功地对危险滑坡部位进行了预警。陈朋超等[132]针对地下结构中管道与周围土体界面的压力、应变场以及深部土体变形等多种信息场监测，利用光纤光栅传感技术研发了一套多功能、可实时远程预警的系统，并在四川省内的一个特大型滑坡区域展开了有效的监测应用。近些年，众多学者[133-136]直接将一系列串联的 FBG 阵列传感器通过环氧树脂粘贴在测斜管（柔性杆）外表面的正交凹槽内，管（杆）外表面的应变分布可以被监测到，然后通过各种数学方法可以计算出岩土体内部侧向位移。

在地面沉降方面上，徐东升等[137, 138]研发了一种基于 FBG 传感技术的三轴试验土样小应变测试传感器。他们利用一种改进的三轴仪开展土体压缩试验，结果表明新提出的 FBG 传感器可以成功地测量到土体的小应变。王正方等[139, 140]将 FBG 串联阵列植入以高强度聚酯纤维或玻纤为原料的土工格栅中封装研发出智能土工格栅，并用于路基路面加固与沉降变形监测中，通过有限元模拟和室内试验的开展，证明了嵌入 FBG 的智能土工格栅在沉降变形重建中的实际应用性能。Maheshwari 等[141]提出了一种用于地表沉降监测的新型的基于 FBG 的磁力伸长计。磁力伸长计主要依靠两个永磁体之间的相互作用力，一个环磁体固定在传感器管外的土体上，另一个圆盘磁体固定在管内。土体沉降会导致环磁体发生运动，引起两块磁铁之间距离改变而产生相互作用力的变化，最终引起悬臂梁的弯曲变形，应变信息被 FBG 传感器检测。洪成雨等[142]设计了一种用于土体小变形监测的 FBG 监测系统。这种新型位移传感器由两块将传感器固定在土体中的固定板、一个感测土体变形的 FBG 传感器和一根用于保护内部 FBG 传感器的聚氯乙烯套管组成。路堤模型试验的开展实施证明了该位移传感器在静、动荷载作用下均可有效地感测土体沉降变形。任亮等[143]提出了一种基于 FBG 传感的土体应变测量技术，通过两个圆形夹紧装置能够有效地将土体应变传递到中心 FBG 应变传感器。他们利用

MTS 试验机对传感器的疲劳性能进行了研究，以满足长期的土体应变监测要求。现场试验结果表明，该传感器对土体应变敏感，应变测量可靠。

表 1.4 总结了上述基于 FBG 传感原理的几种典型光纤传感器在岩土工程监测中的应用实例。由此可见，采用光纤光栅传感器可以测量出边坡、土钉、锚杆、桩基等岩土工程结构的应变和温度分布。而最简单的封装保护方法就是将裸光纤光栅串直接附着在结构表面，当然也可以利用一些新的封装技术，比如金属管保护、3D 打印技术、在结构中嵌入光纤光栅以及使用聚合物光纤光栅[147]代替石英光纤光栅等。FBG 传感技术现在已经相当成熟，但是 FBG 是刻制在光纤中一小微段的感测点，在大型岩土工程监测中一般需要布设的监测点较多，因此，FBG 在刻制使用上成本会比较高。但新型弱光栅（weak Fiber Bragg Grating，wFBG）传感技术理论的引入和研发，可以很好地解决光纤光栅高反射率带来的系统复用率限制。这种光栅技术由于具有极低的反射率，可实现在一根光纤上形成几千个复用光栅点，成本价格却相对于传统光栅而言较低，这让大规模的光栅传感网络从点式、准分布式走向了分布式监测[148, 149]。

表 1.4 基于光纤光栅的几种典型光纤传感器在岩土工程监测中的应用实例

年份	制作和封装方法	应用类型	测量参数	文献
2002	封装好的 FBG 传感单元安装在测斜套管内	滑坡	应变和温度	[127]
2004	裸光纤光栅串和一根相关光缆被卡牢在模型桩表面的凹槽中	模型桩	应变和温度	[144]
2007	一类是裸光纤光栅串直接附着在结构表面上；另一类是封装在铝管中进行保护	土钉和锚杆	应变和温度	[145]
2012	一根粘贴有若干裸光纤光栅串的柔性杆安装在测斜套管内	滑坡	应变和温度	[133]
2014	在钻孔中放置若干光纤光栅串阵列，而后浇筑为多个应变模型桩	模型桩	应变和温度	[146]
2016	光纤光栅通过机器嵌入土工格栅中	地面沉降	应变和温度	[140]
2019	采用熔融成型工艺在 3D 打印机内部制作成光纤光栅位移传感器	土体变形	应变	[142]

1.2.4 问题的提出

边坡失稳变形破坏模式表现多样，其变形往往以某一种模式为主，但由于边坡结构和外形的复杂性，边坡变形过程中一般会出现由外而内的多种变形形态，比如金龙山斜坡变形体的浅部、深部不同变形组合，在坡脚临空面范围内的浅部沿一组向坡外倾斜的似层面蠕滑，后缘坡内裂隙被显著拉开，而深部为滑移-弯曲变形[17]。边坡在渐进性失稳破坏过程中，更多是坡体内外三维变形累积达到边坡抗力阈值后破坏演变的最终结果。而受限于目前的监测技术，这些方法无法满足国内边坡失稳灾害量多面广的大规模变形监测普适性需求，主要有以下不足之处：

（1）"3S"技术、激光扫描技术、InSAR、近景摄影测量技术等可以较好地识别出大范围区域边坡地表信息，但坡体表面变形往往受到多种因素影响而不稳定，比如一场大型强降雨或地形变化后会出现坡面局部大变形，降低了人们对边坡稳定性的评估，而此时边坡内部剪切带、滑动面处的变形信息则最能准确反映出边坡稳定性，然而上述技术对此显然是无能为力。基于钻孔的深部测斜技术，比如钻孔测斜仪、应变管监测技术、TDR同轴电缆和地下多点位移计等，大多是金属材料或者是电磁类设备，对地下防水、防腐蚀性要求较高，而抗电磁干扰能力较差，使得数据稳定性和监测系统的可靠性大大降低。

（2）目前，用于边坡表面变形和深部变形测量的传统监测技术大多是自成体系、彼此独立的，数据处理和分析系统各异，现场监测中需要互相配合一起用于边坡三维变形监测，不易实现大范围的组网监测，操作实施复杂，成本较高，导致监测系统的集成化程度低。

（3）分布式光纤传感技术中的BOTDR、BOTDA和BOFDA等可以实现光纤植入工程结构中形成"感知神经"，通过组网布线沿光纤链路在空间和时间上实时感知测量物体内部多参量的连续分布信息，具有较高测量精度和空间分辨率。但这些"高精尖"的地灾监测预警设备，往往价格不菲，解调设备动辄几百万元，对于我国地质灾害点多面广的国情而言，大规模布设并不现实，而且数据解析系统非常复杂，工人经过常规训练后尚难以操作。而对于广大乡村防灾减灾而言，这些技术追求的毫米级、亚毫米级精度灵敏度并不十分必要，反而高性价比、可靠和实用的监测更为重要。

因此本书围绕"边坡变形共性"和"高性价比"两个普适性监测预警设备要素开展研究工作，基于光纤传感技术中较为成熟和解调设备成本较低的光时域反射技术和弱反射光纤光栅技术，研发"皮实耐用"、性价比高、结构简便、易于操作和普及推广的可解决边坡表面拉裂、竖向位移和内部侧向位移监测的一揽子预警系统。这种监测技术无须大量连线组网，极大地方便了现场传感器的布设和连接，可实现分布式、远距离数据信息测量和传输。图1.1所示是本书的边坡三维变形光纤监测技术布设概念图。

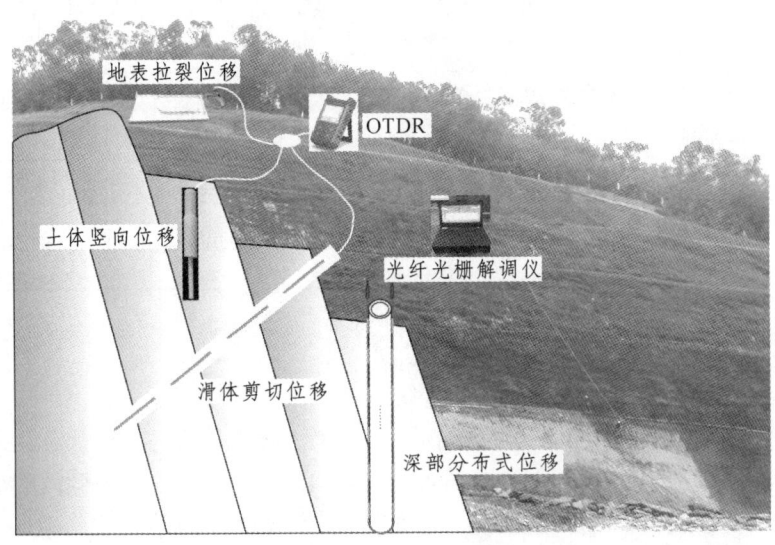

图1.1 边坡三维变形光纤监测技术布设概念图

1.3 主要研究内容和技术路线

1.3.1 主要研究内容

针对目前滑坡灾害严重且急需发展普适性监测设备技术的问题，本书以光时域反射技术和弱反射光纤光栅传感技术为手段，结合边坡变形破坏机理，研发了一系列适用于边坡地表拉裂位移、竖向位移和内部侧向变形等的准分布式光纤监测技术，通过理论分析、数值模拟、标定测试、室内试验和现场应用等研究方式，开展了传感器封装结构及基本特性的研发与应用研究。总体来说，本书的主要研究内容包括：

1. 边坡表面拉裂变形光纤监测技术研究

研发两种用于边坡表面拉裂变形监测的光纤弯曲损耗型位移传感器：齿轮传动型光纤位移传感器和 A 字形光纤位移传感器。提出了传感器的结构设计和封装技术，分析了传感器的工作机理，对传感器的光损耗与监测位移的理论关系进行推导，开展一系列标定试验和测试试验，验证传感器对裂缝开度变化过程的监测能力。

2. 边坡竖向变形光纤监测技术研究

研发基于圆柱形螺旋弹簧的光纤缠绕调制结构，分析了光纤缠绕结构的光损耗敏感机理，通过理论计算与试验测试研究了光纤缠绕结构的几何结构设计、损耗传感特性和力学性能等问题，验证弹簧式光纤缠绕结构的传感能力。研发土体竖向变形监测弹簧式光纤位移传感器的封装结构和准分布式复用方法，开展传感器标定和地面沉降光纤传感器监测模型试验研究，分析光纤传感器监测结果，为进一步现场试验提供可靠依据。

3. 边坡深部变形光纤监测技术研究

提出一种新型光纤环弯曲调制机制，分析光纤环的基本结构和光损耗敏感机理，通过理论推导和标定试验研究光纤环的损耗与传感位移的具体关系。自行研发基于光纤环结构的位移传感器系列，开展光纤位移传感器的岩层单/双滑动面状态模型试验，验证传感器在不同滑动面状态（即不同滑坡类型状况）下的传感性能，进一步在土质边坡滑动破坏监测模型试验中作了验证。设计一种以无规共聚聚丙烯管材（PPR 管）为载体的光纤光栅应变管，分析了大规模光纤传感对光栅阵列的要求和表面粘贴式光栅传感器应变传递率的影响因素，推导了光纤光栅应变管的温度补偿与滑移量计算公式。提出共轭梁法和复化辛普森法的应变-位移转化方法，通过数值模拟与目前常用的差分方程法进行比较分析。对光纤光栅应变管进行标定和开展了光纤光栅原位测斜管的模型试验，进一步探究光纤光栅应变管以及光纤光栅原位测斜管结合应变-位移转化方法对边坡内部位移进行监测的可行性，最后比较了光纤光栅应变管和光纤光栅原位测斜管两种深部测量技术。

4. 工程应用

将自行研发的光纤环位移传感器用于浅层支护边坡的变形监测，将自行研发的光纤环位移传感器和光纤光栅应变管应用到开挖边坡的深部位移监测中，将自行研发的弹簧式光纤位移传感器应用到填方边坡变形监测中；对比分析监测结果，验证自行研发的光纤位移传感器的长期稳定性与有效性。

1.3.2 技术路线

本书研究的技术路线如图 1.2 所示。

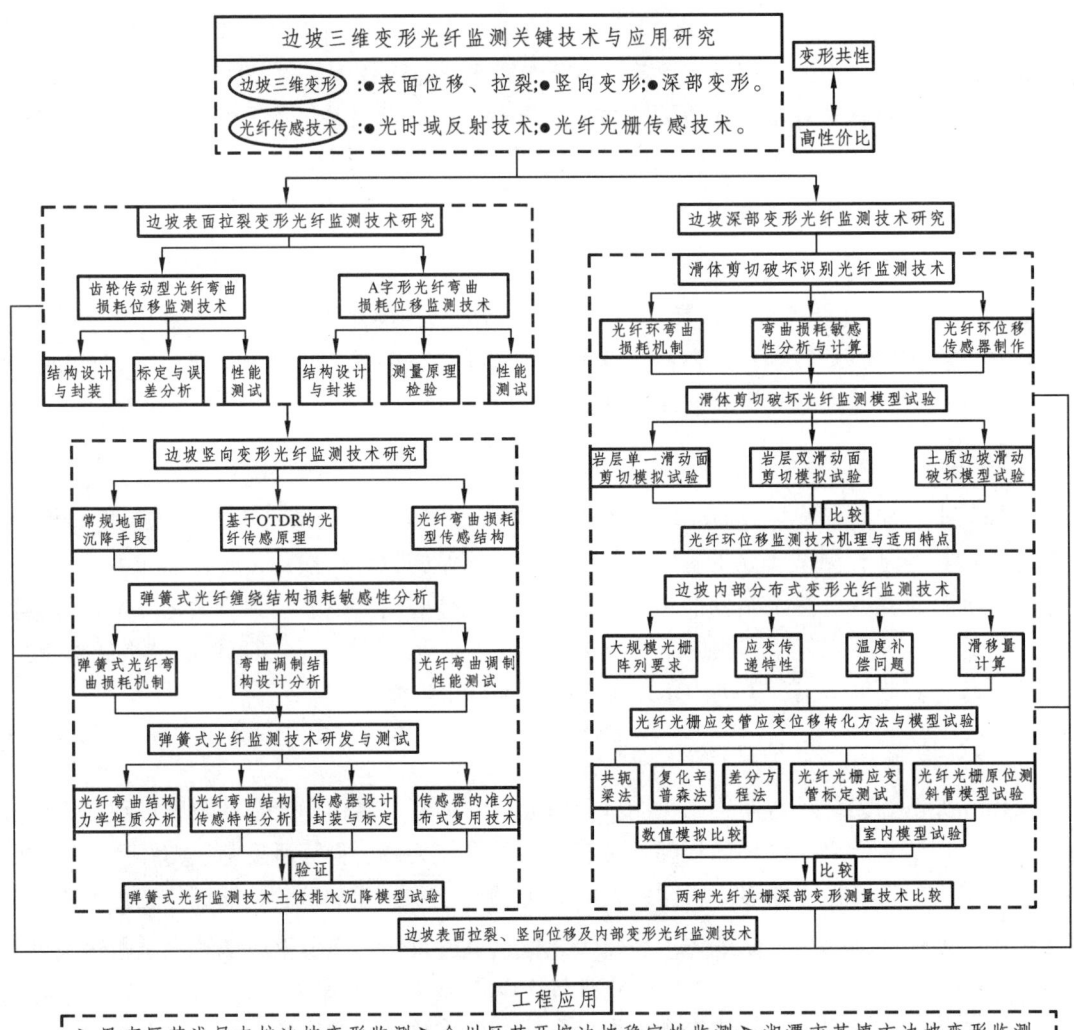

图 1.2 研究技术路线

2

光时域反射技术与光纤光栅传感理论

2.1 光纤的基本特性

2.1.1 光纤的结构和分类

光纤（Optical fiber）是一种细如发丝，由二氧化硅材料制作而成的可传导光波的材料，主要组成部分为纤芯、包层、涂敷层和护套[150]（图2.1）。光纤的用途是尽可能保证光波沿纤芯传输而不透射损失出去，故在传输过程中要尽可能满足全反射条件。纤芯（直径 5~75 μm）的主要成分 SiO_2 材料中掺杂了极少量的 GeO_2，导致折射率比包层（直径 100~200 μm）高，两者共同组成光纤的主体。光纤的设计使得它能够根据功率和传输距离的要求保证光沿着光纤传输，因此光纤的外包层需要得到较好的保护。裸光纤一般不加涂覆层和护套。光缆是由金属外壳（涂覆层和护套通过尼龙或者其他有机材料组合构成，以增加光纤强度和弯曲能力）进行铠装，可用在传输损耗小的光纤通信中。

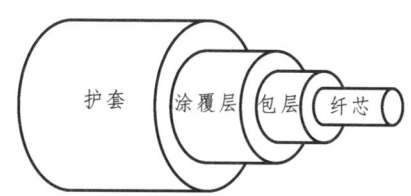

图 2.1 光纤结构简图[150]

光纤的类型取决于折射率、所用材料和光的传播方式。

光纤根据使用的材料可分为[151]：① 塑料光纤，核心材料是质量轻便、成本较低的人工合成导光塑料，柔软变形强，一般传输损耗较大（100~200 dB/km），用于短距离导光。② 玻璃纤维，由非常细的玻璃纤维组成，光传输损耗较低（0.5 dB/km）。

光纤根据其横截面上折射率的分布情况可分为[152]：① 阶跃型光纤，纤芯与包层的折射率都是恒定不变的常数。② 渐变型光纤，纤芯折射率沿光纤轴向径向以某种函数关系逐渐减小到和包层折射率相同，而包层折射率是恒定不变的常数。

光纤根据光传播模式可分为：① 单模光纤，由于玻璃纤维芯径较小，主要用于远距离信号传输，可降低信号衰减。② 多模光纤，因为较大的纤芯开口允许一次通过电缆发送多个光脉冲，从而获得更多的数据传输，用于较短的距离传输。

2.1.2 光纤传输基本理论

光的全反射现象是研究光纤传光原理的基础。根据几何光学原理，当光线从一个折射率为 n_1 的介质中以较小的入射角 θ_1 传递到另一个具有较低折射率 n_2 的介质时（图 2.2），它有一部分从垂直于表面的法线处以角度 θ_2 折射，其余部分仍以 θ_1 反射回原介质[153]。

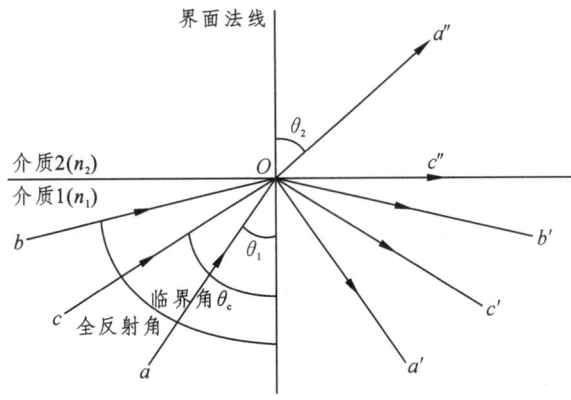

图 2.2 光纤的传光原理[153]

依据光折射和反射的斯涅尔定律，当折射率 n_1 介质中的光线束相对于法线的角度逐级增大，在一个特定角度 $\theta_1 = \theta_c$ 时，折射光不会进入折射率为 n_2 的介质中，而是沿着两种介质之间的表面传播。对应于折射角 θ_2=90° 时的入射角 θ_1 称为临界角 θ_c；当 $\theta_1 > \theta_c$ 时，会发生全反射现象，折射光束被完全反射回折射率为 n_1 的原介质中。由于光线在光纤中的入射角度总是大于临界角，不管光纤本身弯曲成什么角度，即使它是一个完整的圆，光纤在低折射率的包层中不断反射也都会穿过高折射率的纤芯。光线在光纤中传输不仅仅需要满足纤芯和包层界面上的全反射条件，还需要满足光波传输的相位匹配条件。因此，光波只有在特定的光纤结构中且满足一定条件时才可以进行有效的传输。

光线只有在光纤子午面入射角小于或等于一定值时才能通过光纤传播，这种与光纤轴的最大可能角度，即光纤进入光纤纤芯的最大可能角度，称为光纤的孔径角 $2\theta_\alpha$。$2\theta_\alpha$ 的大小表示光纤能接收光的范围。进入光纤的光线超过可接受的角度，就会折射到包层中。

光从折射率为 n_0 的空气中入射，根据折射定律，有：

$$\frac{\sin\theta_\alpha}{\sin(0.5\pi - \theta_c)} = \frac{n_1}{n_0} \tag{2.1}$$

故 $\sin\theta_\alpha = n_1 \sin(0.5\pi - \theta_c) = n_1 \cos\theta_c = n_1(1-\sin^2\theta_c)^{0.5}$，将 $\sin\theta_c = n_2/n_1$ 代入得：

$$\sin\theta_\alpha = (n_1^2 - n_2^2)^{0.5} = n_1\sqrt{2\Delta} = \mathrm{NA} \tag{2.2}$$

NA 定义为光纤的数值孔径（Numerical Aperture，NA），衡量的是光纤接收入射光的能力，它是光纤最基本的性能之一，式中 $\Delta = (n_1 - n_2)/n_1$ 为纤芯与包层相对折射率差。NA 的大小与纤芯折射率以及纤芯与包层相对折射率差有关。NA 值越高，光纤收集光能力越强。然而，只有当两个折射率之间的差异较大时，NA 的值才会更大，并且对于这两者，要么 n_1 高，要么 n_2 低。但不存在折射率小于 1 的材料，因此，有一种选择是，如果去除掉纤芯上的包层，就可以获得更大的 NA。而对于光信号的传播，唯一的目的不是要有很高的接收范围，而是要以很小的衰减来传播接收信号。因此，在光纤通信系统中，通常采用数值孔径与光纤数值孔径相同的透镜集光，可以最有效地把光射入光纤中去。

2.2 时域分布式光纤传感技术

2.2.1 光纤弯曲的损耗特性

光波在实际光纤中传输时，光功率随传输距离增加而呈指数衰减，数学表达式为：

$$P(z) = P(0)\exp(-\alpha z) \tag{2.3}$$

式中：α 为光纤的功率损耗系数，单位为 Np（奈培）。在实际应用中，通常以 dB（分贝）来表示光纤的损耗（1 dB=0.115 129 Np），定位为单位长度光纤的功率衰减分贝数。

$$\alpha = \frac{10}{z}\log\frac{P(0)}{P(z)}(\text{dB/km}) \tag{2.4}$$

光纤损耗的产生原因大致可以分为吸收损耗、散射损耗、弯曲损耗三种。

吸收损耗：光纤的组成材料二氧化硅以及其中含有的杂质等本身的特性，可以吸收一部分光波，会造成部分光波在传输过程中衰减而损耗。

散射损耗：光波在光纤中传输会产生散射现象。当入射光波功率较弱时，会产生信号较强的瑞利散射；当入射光波功率较强时，除了瑞利散射外，还会产生受激拉曼散射和受激布里渊散射等非线性散射。这是光波在传输过程中产生的三种背向散射光，会造成光波沿光纤链路上的衰减损耗，是正常的材料散射。此外，光纤在制造生产时工艺不够尽善尽美，存在缺陷和不完善，以及后续熔接过程中等均会引起光纤的波段散射，产生不可避免的光损耗。

弯曲损耗：根据光纤弯曲半径与光纤直径大小的关系可分为宏弯曲损耗与微弯曲损耗两种。宏弯曲损耗是光纤中容易观察到的损耗，是光纤过度弯曲时产生的空间滤波、模式耦合和模式泄漏三种效应造成的。而微弯曲损耗一般比较小，主要是光纤拉制生产过程中的随机扭曲造成的，不容易被观测到[151, 154, 155]。

理论分析和试验研究均表明：光纤发生宏弯弯曲时，当曲率半径大于临界值 R_c（$R > R_c$）时，因弯曲引起的附加损耗小到可以忽略不计；当曲率半径小于这个临界值 R_c（$R < R_c$）时，附加损耗按指数规律迅速增加。因此，确定临界值 R_c，对于光纤的研究、设计和应用都很重要。

多模光纤的弯曲损耗计算公式为：

$$\alpha = \frac{T}{2\sqrt{R}}\exp\left[2Wa - \frac{2}{3}\cdot\frac{W^3}{\beta^2}R\right]$$

$$T = \frac{2a(n_1^2 k_0^2 - \beta^2)}{e_v\sqrt{\pi W}a^2 k_0^2(n_1^2 - n_2^2)}$$

$$W^2 = \beta^2 - n_2^2 k_0^2 \tag{2.5}$$

式中：a 为纤芯半径；R 为光纤弯曲时的曲率半径；n_1 为纤芯折射率；n_2 为包层折射率；k_0 为真空中传播常数；β 为轴向传播常数；$e_v = 2(v = 0)$，$e_v = 1(v \neq 0)$。

由上式可求 α 对 R 的变化关系，可得临界曲率半径 R_c 的表达式：

$$R_c = \frac{3\beta^2}{2W^3}(0.347 + 2Wa) \tag{2.6}$$

对于实际的多模光纤，弯曲半径 $R_c \geqslant 1$ cm 时，附加损耗可以忽略不计。
单模光纤的弯曲损耗计算公式为：

$$\alpha_c = A_c R^{-0.5} \exp(-UR)$$

$$A_c \approx 30\Delta^{0.25}\lambda^{-0.5}(\lambda_c/\lambda)^{1.5} \; (\mathrm{dB}/\sqrt{\mathrm{m}})$$

$$U \approx 0.705\frac{\Delta^{3/2}}{\lambda}\left(2.748 - 0.996\frac{\lambda}{\lambda_c}\right)^3 \; (\mathrm{m}^{-1}) \tag{2.7}$$

式中：Δ 为纤芯与包层相对折射率差；λ 为工作波长；λ_c 为截止波长。

由此可得到的临界曲率半径 R_c 的表达式：

$$R_c \approx 20\frac{\lambda}{\Delta^{1.5}}\left(2.748 - 0.996\frac{\lambda}{\lambda_c}\right) \tag{2.8}$$

2.2.2 光纤弯曲损耗传感结构

在实际应用中，光纤容易弯曲产生光波功率衰减，这并不利于光波在光纤中的信号传输，但在光纤传感监测领域中却是有利的，可以通过解调引起的光纤弯曲损耗来检测光纤线路上的外部物理量。基于这种原理制作而成的传感器称为光强调制型传感器，具有结构简单、解调技术成本低、操作灵活性强等特点，可达到的检测动态范围在 100 dB 以上，分辨率也可达 0.1 nm 级位移水平[156, 157]。

1980 年，Fields 等[158]利用 OTDR 技术首次提出了基于弯曲损耗原理的光纤微弯传感器，引发了人们对光纤弯曲损耗型传感器的大量研究，主要为周期性光纤传感器和非周期性光纤传感器，典型的有斜交式光纤传感器、齿形光纤传感器、缠绕式光纤传感器、蛇形光纤传感器和 8 字形光纤传感器等。

1. 斜交式光纤传感器

斜交式光纤传感器结构如图 2.3 所示，刘浩吾等[114, 120]将一根传感光纤布设成与预期混凝土可能开裂位置为 θ 夹角方式，可进行非周期性调制。当混凝土结构出现开裂、轻微的错动、滑移时，导致裂缝两侧的光纤产生两个微弯，光纤微弯处形成钝角 φ 为 $\varphi=\pi/2+\theta$，引起光纤中后向散射光的衰减，产生微弯损耗，通过调制裂缝开度或滑移与微弯损耗单值对应关系可以构成传感系统。

2. 齿形光纤传感器

齿形光纤传感器结构如图 2.4 所示。骆飞等[115, 116]等将一根传感光纤夹在两块变形板之间，两变形板对置于其中的光纤进行挤压，光纤会产生周期性的微弯曲变形，光波在光纤中的传播导模会发生改变而造成能量衰减损失，通过解调纤芯中传输的光功率衰减与施加在变形板上的外部物理量关系，就可以得出相关信息。

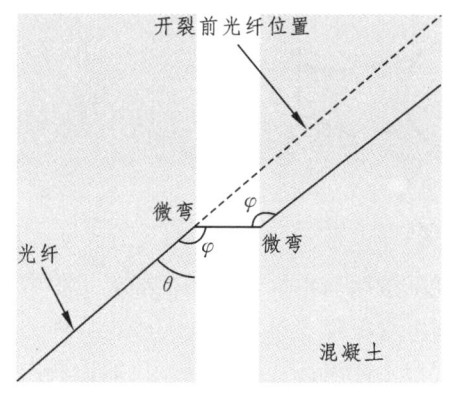

图 2.3 斜交式光纤传感结构[114]

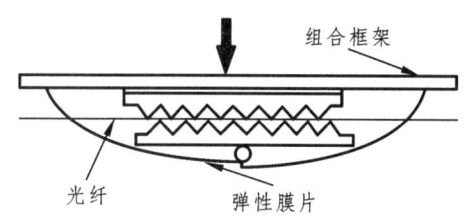

图 2.4 齿形光纤传感器[115]

3. 缠绕式光纤传感器

缠绕式光纤传感器结构如图 2.5 所示。杜彦良等[159]利用特种胶水将光纤两端黏结在一根铁丝上，形成螺旋形光纤缠绕结构。当铁丝被拉伸或压缩变形时，引起缠绕固定在铁丝上的光纤产生微弯变形，从而导致光纤的光导模和辐射模接或间接被耦合，造成光纤的传输光功率的衰减损失，产生微弯损耗。在实验室内确定光损耗输出值与测量应变之间的具体关系，即可用于对应变或者其他物理量的检测。

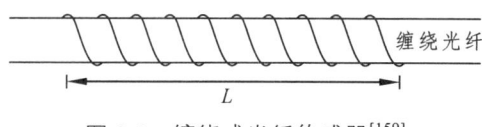

图 2.5 缠绕式光纤传感器[159]

4. 蛇形光纤传感器

蛇形光纤传感器结构如图 2.6 所示。柴敬等[119, 160]将光纤置于套管内进行保护，设计出图中所示的蛇形光纤传感器，用于下覆岩层垮塌模型试验中，可实现周期性调制。光纤传感器埋设在岩层材料中随结构体发生变形移动时，套管限制内部光纤变形并且保护光纤不被破坏，而套管与模型接触面比较紧密，岩层材料的变形基本全部传递到传感器套管上，从而导致两者变形协调一致，因此光纤传感器可以同步识别到材料变形。当材料变形出现错动时，套管上的两端点位置变形移动也会不一致，对应的内部光纤会形成微弯交点，类似蛇形摆动。

图 2.6 蛇形光纤传感器[119]

5. 8 字形光纤传感器

8 字形光纤传感器结构如图 2.7 所示。Sienkiewicz 等[112, 113]将光纤首先编织成图中所示的 8 字形调制结构，调制结构两端的位移表示为 S，拉动 8 字形位移传感器两端黏结位置，当 S 增大时，由构造可知，L 将会减小，L 减小引起光纤弯曲变形增大，光损耗增加。

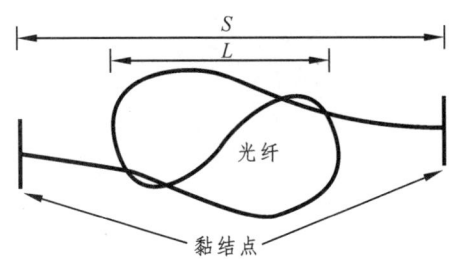

图 2.7　8 字形光纤弯曲调制机制[112]

以上几种基于光纤弯曲损耗的传感器，总体来说都是用于室内试验测试或者工程结构表面变形监测的，对岩土体内部变形监测（水平位移和垂直沉降变形）的研究较少。因此，有必要研发新型的光纤弯曲损耗型传感器，使其适用于岩土体内部变形监测，比如边坡内部变形或者地基沉降变形监测等。

2.2.3　OTDR 检测原理与性能参数

由上文中介绍可知引起光纤损耗的原因有散射损耗，光波在光纤中传输时会产生背向散射光。根据散射机理可以将光纤中的散射光分为：瑞利（Rayleigh）散射光、拉曼（Raman）散射光和布里渊（Brillouin）散射光，如图 2.8 所示[161]。在光波的背向散射中，三种散射光表现的强度不一样，沿时间域上信号衰减的位置也不同，其中背向瑞利散射是最强的，检测技术也较为简单。光波在光纤中传播时，因为光纤端面不平整、断裂、故障或事件点出现，光纤折射率发生突变也会造成强烈的反射尖峰现象，称之为菲涅尔（Fresnel）反射[110]。

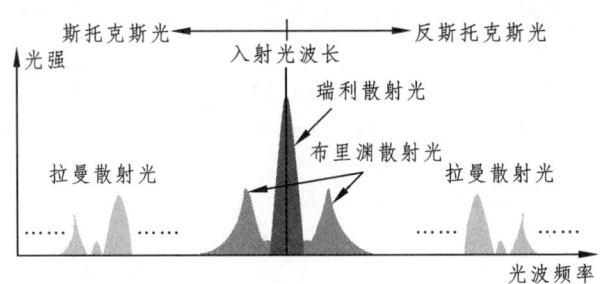

图 2.8　背向散射光频谱分布图

OTDR 仪是采用单点测试的原理，类似于雷达检测。在光纤的一端射入光脉冲信号，光波在传输过程中即便是光纤发生了微小的纤芯或包层折射率改变，都会产生瑞利散射光而返回到入射端。对接收的信号加以分析、处理和解调，从而可以得到光纤的长度，并能测量光脉冲在光纤中的传输损耗和由各种缺陷导致的结构性损耗。通过观察背向瑞利散射光强度的变化信息便可确定损耗的分布情况和熔接损耗；一般用菲涅尔反射来测量光纤的长度或者缺陷位置点。如图 2.9 所示，OTDR 技术可以用来识别出整个光纤线路上的损耗变化以及故障情况等。

假设耦合进光纤端面的光功率为 $P(0)$，考虑沿光纤轴线上任一点 Z，设该点距入射端的距离为 z，那么该点的光功率 $P(z)$ 为：

$$P(z) = P(0)\exp\left[-\int_0^z \alpha_f(z)\mathrm{d}z\right] \tag{2.9}$$

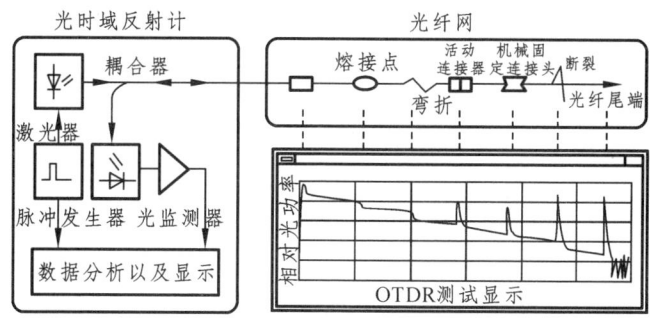

图 2.9 OTDR 线路检测原理

式中：$\alpha_f(z)$ 是光纤前向传输的衰减系数。若光在 Z 点被散射，那么该点的背向散射光返回到达入射端面时的光功率为：

$$P_s(z) = S(z)P(z)\exp\left[-\int_0^z \alpha_b(z)\mathrm{d}z\right] \quad (2.10)$$

式中：$S(z)$ 是光纤在 Z 点的背向散射系数，$S(z)$ 具有方向性；$\alpha_b(z)$ 是光纤背向传输的衰减系数。

将式（2.9）代入式（2.10）可得：

$$P_s(z) = P(0)S(z)\exp\left[-\left(\int_0^z (\alpha_f(z)+\alpha_b(z))\mathrm{d}z\right)\right] \quad (2.11)$$

同时通过测量发射信号与接收到返回信号的时间间隔，然后根据光纤的折射率，可以得到返回信号所在的位置，即标定事件发生的位置。

$$LQ = \frac{ct}{2n} \quad (2.12)$$

式中：LQ 代表事件的位置；c 为真空中的光速；n 是光纤折射率；t 是光从散射点返回的时间。

OTDR 的主要技术指标包括动态范围、盲区和距离精度。

动态范围：OTDR 的一个重要参数，是仪器可以测试的最大光损耗，代表从仪器端口发射出去的初始背向散射电平到特定噪声电平之间的差值（dB）。换句话说，它是发射的光脉冲沿光纤可以传输的最远距离。

盲区：菲涅耳反射导致一个重要的光时域反射规范，也称为"死区"。存在两种死区：事件死区和衰减死区。两者都源于菲涅耳反射，并以距离（m）表示，距离随反射功率的变化而变化。死区的定义是探测器被大量反射光暂时遮住的时间长度，直到它恢复并能再次读出光为止。在 OTDR 领域，时间被转换成距离；因此，更多的反射导致探测器需要更多的时间来恢复，从而导致更长的死区。

距离精度：测距时仪器显示的分辨率，影响因素很多。

本书中所用的 OTDR 仪是型号为 AV6418 的高性能多功能光时域反射计，具体使用中人工设置参数包括波长选择、脉宽、测量范围、平均时间、光纤参数和测试模式，见表 2.1。对于光纤事件点检测的精度和分辨率等而言，不同的参数设置会有不同的结果。如将光源工作波长设置为 1 310 nm 和 1 550 nm，对应的动态监测范围分别为 42 dB 和 40 dB。当脉宽设置较小时，对应的盲区较短，分辨率较高。

表 2.1　AV6418 光时域反射计参数设置及分析

人工参数	可选值	主要影响
波长	1 310 nm、1 550 nm	不同波长光纤特性各异，波长越大，光纤弯曲损耗越大
量程	400 m、800 m、1.6 km、3.2 km、8 km、16 km、32 km、64 km、128 km、256 km、512 km	一般选择为测量光纤长度的 1.5 倍
脉宽	5 ns、10 ns、30 ns、80 ns、160 ns、320 ns、640 ns	脉宽越小，光纤测量距离越小，动态测量范围越短，信噪比越低
衰减	0 dB、5 dB、10 dB、15 dB 和 20 dB	衰减越小，能测试的光纤长度越长，但测试盲区较大
平均次数	平均测试模式下范围为 1~4 000	时间越长，测试曲线信噪比越高，但不宜超过 3 min，建议为 20 s
折射率	待测光纤的折射率	影响光纤长度测试

以武汉长飞光纤光缆股份有限公司生产的 G652D 型号光纤为测试对象，测试波长为 1 310 nm 和 1 550 nm，脉宽为 5 ns、10 ns、30 ns、80 ns、160 ns、320 ns、640 ns，设备为 AV6418 型 OTDR 仪，平均化时间为 20 s。测试时，光纤被弯曲成不同半径的半圆圈，OTDR 记录下平均时间后的读数，测试结果如图 2.10 所示。

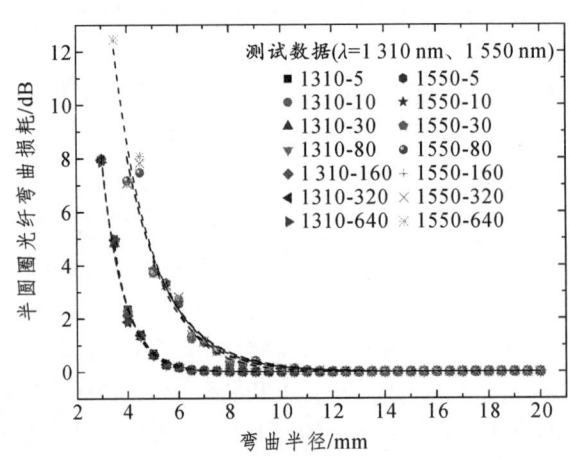

图 2.10　工作波长 1 310 nm 和 1 550 nm 时半圆圈光纤弯曲损耗与弯曲半径关系

由图 2.10 可知：OTDR 发射长波长脉冲时会产生较大的弯曲损耗，动态范围更大；同一波长脉冲下的不同脉宽不会影响光纤损耗与弯曲半径的关系曲线走势，曲线重合度较高；脉宽越长，动态测量范围越大，信噪比越大，噪声功率不断降低。测量波长为 1 310 nm 时，脉宽为 5 ns、10 ns 对应的半圆圈光纤损耗最大值分别为 2.493 dB 和 4.928 dB，脉宽为 30 ns、80 ns、

160 ns、320 ns、640 ns 对应的半圆圈光纤损耗最大值约为 8.0 dB。测量波长为 1 550 nm 时，脉宽为 5 ns、10 ns、30 ns 对应的半圆圈光纤损耗最大值在 4 dB 左右，脉宽为 80 ns、160 ns、320 ns、640 ns 对应的光纤弯曲损耗最大值接近于 7.5 dB。因此，较高的测量脉宽有利于传感信号的解调，但是意味着更大的测量盲区和较高的信噪比。

2.3 准分布式光纤光栅传感技术

2.3.1 光纤布拉格光栅结构与原理

光纤布拉格光栅（FBG）是一种刻制在单模光纤纤芯上的微段结构，通常只有几毫米长。它是通过紫外激光束横向照射光纤，并使用相位掩模技术在纤芯中产生干涉图像来实现的[150]。这将导致光纤核心材料二氧化硅基质物理特性产生永久性变化，在光纤芯部形成了永久的周期性折射率调制。当一束宽光谱入射到 FBG 时，光纤光栅反射特定波长的光，并允许其他所有波长光传输到另一端。光纤布拉格光栅的结构与反射、投射特性如图 2.11 所示。

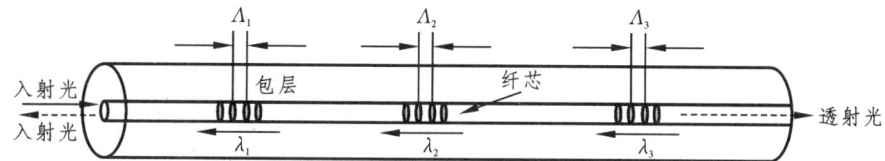

图 2.11 光纤布拉格光栅结构[150]

从麦克斯韦经典方程出发，结合光纤耦合模理论，利用光纤光栅传输模式的正交关系，布拉格光栅的中心波长 λ_B 满足以下方程：

$$\lambda_B = 2\eta_{\text{eff}} \Lambda \tag{2.13}$$

式中：η_{eff} 为有效折射率；Λ 为光栅周期。从式（2.13）中可知光栅的中心波长由光栅有效折射率与光栅周期唯一确定，而应变和温度又可以敏感地改变光栅有效折射率与光栅周期，从而改变光栅中心波长。

图 2.12 展示了光纤光栅的测量原理。这里 FBG 是主要的传感元件，光纤光栅是在单模光纤的一小段截面内，通过刻制光纤纤芯折射率 n_0 的周期性调制来实现的。

$$n_{\text{eff}} = n_0 + \Delta n^*[1+\cos(2\pi x)/\Lambda] \tag{2.14}$$

式中：x 为光纤纤芯轴；Δn^* 为折射率调制度。

光纤布拉格光栅的波长随应变和温度的变化可以表示为：

$$\Delta \lambda_B = \left\{ \left[(1-P_e)\varepsilon + \left(\alpha_f + \left(\frac{dn_{\text{eff}}}{dT}\right)/n_{\text{eff}}\right)\Delta T \right] \right\} \lambda_B \tag{2.15}$$

式中：$\Delta \lambda_B$ 为光纤光栅波长变化；P_e 为有效弹光系数；ε 为光栅上施加的应变；α_f 为光纤光栅的线性热膨胀系数；$\dfrac{dn_{\text{eff}}}{dT}=\xi$ 为光纤光栅折射率温度系数，即为光纤光栅材料的热光系数；

ΔT 为光栅感受的外界温度。

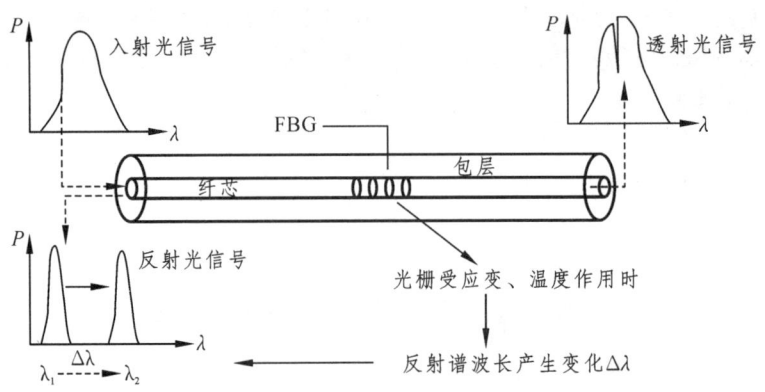

图 2.12 光纤光栅传感器的光谱、波长漂移及工作原理

令 $K_\varepsilon = 1 - p_e$，K_ε 为光纤光栅应变传感的灵敏度系数，令 $K_T = \left(\dfrac{1}{n_{\text{eff}}}\xi + \alpha_f\right)$，$K_T$ 为光纤光栅温度传感的灵敏度系数，则式（2.15）可以表示为：

$$\Delta \lambda_B / \lambda_B = K_\varepsilon \varepsilon + K_T \Delta T \qquad (2.16)$$

由式（2.16）可知，布拉格光栅具有温度-应变交叉敏感特性，即当外界温度或者应变发生变化时，光纤光栅的几何尺寸将发生变化，引起光栅波长变化。

在测量温度时，光纤光栅传感器必须保持无张力。因此，由温度引起的反射波长的变化可以用光纤折射率的变化来描述。在测量应变时，需要补偿光纤光栅上的温度效应。可以在光纤光栅应变传感器附近安装一个无应力张拉的光纤光栅进行单独测温，将光纤光栅应变传感器的波长漂移量减去只由温度引起的波长漂移量，就可以消除温度对应变的交叉影响，从而得到温度补偿后的应变值。

2.3.2 弱光纤光栅解调与感测技术

近年来，随着光纤光栅制备技术的提升和光电子技术的进步，一些大规模光栅阵列构件的新方法被相继提出，各种解调技术也取得了明显进步，这为大规模准分布式光纤光栅传感网络的研究提供了可能。大规模光纤光栅阵列传感网络不仅继承单点光纤光栅的应变和温度传感特性，还可以实现长距离（几十千米）、高密度（间距小于 1 m）、多参数量的快速灵活测量，从而具备与光纤布里渊、拉曼散射技术等分布式光纤传感技术竞争的实力。这种新型感测技术是结合 FBG 和光时域反射测量技术（OTDR）研制而成的被称为弱反射光纤光栅的产品[162]，其反射率非常低，峰值反射率通常也低于-30 dB，可以将相同周期的光纤光栅传感器连接在一根光纤上进行弱光栅解调和 OTDR 定位，所有光栅共用一个信号传输通道，可实现单一光纤上大量光栅点复用。不同工作波长的传感器工作时相互独立，实现多点同时测量。弱光纤光栅阵列具有较大的检测容量，同一光纤串行复用的光栅达到数千个，可实现几千个光栅传感阵列的准分布式密集监测；查询解调速度较快，分辨率高，可动态灵活监测应变、温度、振动等多参数量信息，适合长距离的动态实时分布式监测。

图 2.13 所示是利用可调谐脉冲光源和光时域定位技术进行解调的弱光纤光栅阵列解调系

统结构。可调谐激光器扫描输出不同波长的连续光，经过脉冲调制和放大后进入刻有全同弱光纤光栅阵列的光纤中，光电探测器对经全同弱光纤光栅阵列反射回来的光进行高速采集，按时域方式定位分析，得出各位置处光栅的光谱图。目前，拉丝同步在线刻写技术和静态式侧面曝光刻写技术是弱光纤光栅阵列比较成熟的两种制作技术。而常见的解调技术主要有适用于长距离、低空间分辨率监测的可调谐脉冲光源结合光时域定位技术和短距离、高空间分辨率测量的可调谐脉冲扫描光源结合光频域定位技术。

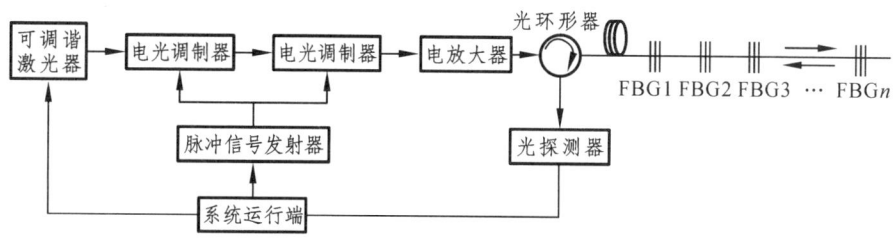

图 2.13　弱光纤光栅阵列解调系统结构[163]

弱光纤光栅感测技术由于兼具传统光纤光栅的特点之外，还可以形成大容量、准分布式、多参数量监测等一系列优势，是传统光纤光栅传感技术演变的必然结果，也是近年来光纤传感领域中的研究热点。此外，对弱光纤光栅解调技术的不断改进和完善，解调成本的进一步降低，无疑是一个更大的优势。弱光纤光栅较高的性价比，将是占据分布式光纤传感市场的重要基础，在某种程度上会引领着全分布式光纤感测技术的再次飞跃，从而替换目前使用的 BOTDR、BOTDA 和 BOFDA 等分布式光纤技术，使其在地质与岩土工程分布式监测领域中得以应用普及*。

---

* 注：后面章节如无特别说明，光纤光栅均指弱反射光纤光栅。

3

边坡表面拉裂变形光纤监测技术研究

3.1 引 言

边坡位移监测主要包括地表位移与深部位移监测。边坡位移对于大多数滑坡都是累积性变形后发生的，坡体表面常会先于边坡内部产生拉裂和变形，因此坡体表面位移监测对边坡稳定性和预警评估很重要[134, 164]。此外，对于一些大型水工混凝土结构而言，特别是在坝体面板接缝处，经常会出现对结构运行安全影响不大的微小裂缝。但因水工结构安全监测的特点和要求，裂缝开合大小也可能达到厘米级别，因此对裂缝开合度进行持续监测是必要的，这就要求传感器的测量量程不能太低，且要具有一定灵敏度，耐久性高，可实时长期性监测[165]。目前，相比于传统的电磁式位移计，光纤传感器由于具有对电磁干扰免疫、测量精度高、结构简单、易于定制、可远距离传输数据等优点而深受工程界的喜爱[90-95]。鉴于此，本章基于光纤弯曲损耗原理，提出了两种用于边坡表面拉裂变形的大量程光纤位移监测技术。首先对光纤位移传感器进行结构设计，然后开展理论推导和性能测试，从而对边坡表面拉裂变形的监测方法展开研究。

3.2 线性光纤弯曲损耗位移传感原理

2.2.2 节介绍了几种典型的光纤弯曲损耗传感结构，主要是通过改变光纤弯曲长度和弯曲半径中的一个变量或者同时改变两个变量来引起不同规律的光纤弯曲损耗。由式（2.7）可知，光源的工作波长 λ、光纤的弯曲半径 R 以及特定的光纤类型（λ_c 和 Δ）可以唯一确定单位长度上的光纤弯曲损耗 α_c。因此对于某种光纤弯曲半径固定而弯曲长度可以改变的光纤损耗传感结构，理论上的光纤弯曲损耗与弯曲长度之间是线性关系，只需要通过某种方式增加或减小光纤弯曲长度，就可以实现对弯曲损耗的线性变化，从而解决光纤弯曲损耗传感原理中光纤弯曲半径与弯曲损耗之间是复杂非线性关系的难题。

如图 3.1 所示，通过试验方法研究工作波长为 1 550 nm 光纤的弯曲损耗规律，确定光纤弯曲半径与弯曲损耗之间的具体关系。光纤被卡住在弯曲板中形成半圆弧状来产生弯曲损耗，弯曲半径在 2.5~20 mm 范围内依次间隔 0.5 mm 变化。试验中所用的材料及设备包括：由武汉长飞光学光缆股份有限公司生产的 G652B 型号单模光纤、波长为 1 550 nm 的自制稳定光源、光功率计和弯曲板。试验中，用光功率计与光源分别连接光纤两端的接头，光纤被卡住形成不同的弯曲半径后，每一步操作完成后稳定 2 min，记录下光功率计的读数。试验共重复测试了 2 次，取测试结果的平均值。

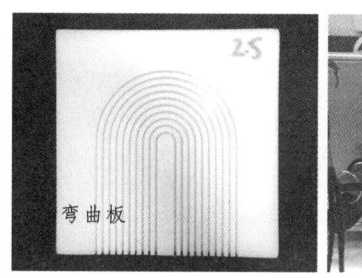
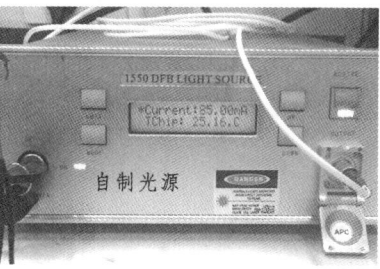

图 3.1 光纤弯曲板和光源

图 3.2 给出了试验中 G652B 单模光纤单位长度的弯曲损耗与弯曲半径的关系，其拟合的经验公式如下：

$$\alpha_{c1550} = 29.725\,2R^{-0.5}e^{-0.695\,14R} \quad (3.1)$$

式中：α_{c1550} 为单位长度的光纤弯曲损耗（dB/mm）；R 为光纤弯曲半径（mm）。从图中可知，两组试验的单位长度光纤弯曲损耗与弯曲半径的关系曲线拟合效果较好，拟合优度 R^2 为 0.993，可以用于指导后续此类相关弯曲损耗位移传感器设计与试验研究，较为灵活地控制传感器灵敏度指标等。

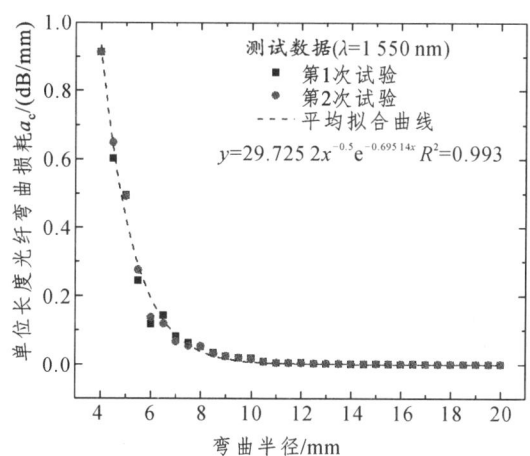

图 3.2 工作波长为 1 550 nm 时单位长度光纤弯曲损耗与弯曲半径关系

3.3 齿轮传动型光纤弯曲损耗位移监测技术

3.3.1 传感器的结构设计及封装

本传感器是一种基于光纤弯曲损耗的线性位移传感器，该传感器主要部件包括底座、位移转化齿轮、拉杆齿条、单模光纤、顶盖等，其结构如图 3.3 所示。

（1）底座上有引导、固定光纤运行轨迹的直线引导槽和圆形齿轮固定孔 A。直线引导槽与齿轮固定孔 A 相切。在底座右侧有一光纤引出口，且底座下方预留有供拉杆齿条运行的齿条运行槽。

（2）位移转化齿轮通过底座的齿轮固定孔 A 与底座固定。位移转化齿轮上有一圆柱形贯穿孔 B。贯穿孔 B 与齿轮下部的弧形槽相连通。光纤对折穿过齿轮上的贯穿孔 B，为防止对折部分光纤折断而将其固定于上部预留的圆环槽 C 中,并通过齿轮下部的弧形槽,同时利用无影胶将光纤与齿轮上、下部结构及贯穿孔固定,弯曲部分的光纤没有去除涂覆层。

(3)光纤穿过贯穿孔后,部分与弧形槽固定。经直线光纤引导槽导出,在引导槽内的两根光纤利用树脂胶将其胶合,多余的过渡光纤被缠绕在光纤缠绕柱上,最后通过光纤引出孔与光源和光功率计连接。

(4)齿条置于底座的齿条运行槽内并与齿轮啮合,齿轮和齿条的模数均为 2,齿轮的齿数为 36,齿轮的分度圆与齿条的分度线相切。

(5)由图 3.2 可知,当光纤弯曲半径在 5~17 mm 范围内时,单位长度的光纤弯曲损耗会较为显著地产生。为了使线性位移传感器具有较高的灵敏度,齿轮下部分上的光纤圆弧槽 D 的槽内半径被设计为 5 mm。

(6)传感器的信号发射端使用工作波长为 1 550 nm 的激光光源,信号接收端采用相应波长的光功率计。

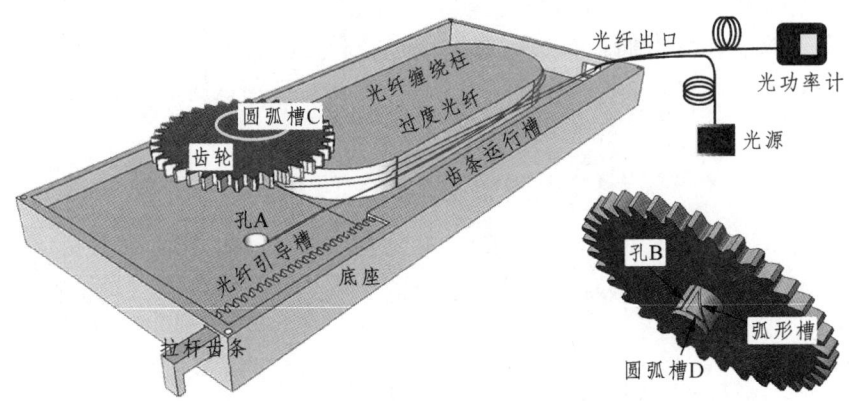

图 3.3　齿轮传动型光纤位移传感器

上述所有结构通过顶盖封装在底座内,这样可以有效地保护内部光纤。当拉杆齿条上作用有线性位移时,齿条将牵引齿轮转动,与齿轮固定的光纤会与齿轮一起作圆周运动,从而在齿轮下部的光纤圆弧槽 D 内形成一定长度的圆弧,进而使光纤的弯曲损耗产生变化。通过建立线性位移与光纤弯曲损耗的关系,就可以基于光纤损耗信息来实时监测位移。同时,通过改变小孔到齿轮旋转中心与齿轮分度圆的距离比值,则可以获得具有不同量程和精度的线性光纤位移传感器。

传感器实物及其内部光纤缠绕方式如图 3.4 所示,主体采用 3D 打印技术生成。

图 3.4　传感器封装后照片

3.3.2 传感器标定与误差分析

1. 测量原理

传感器的位移转化齿轮结构示意图及尺寸如图 3.5 所示,当齿轮上半径分别为 r_1 和 r_2 的同心圆共同绕圆心旋转角度 ω 时,它们的端点扫过的弧长分别为 $S_{r1} = \omega r_1$ 和 $S_{r2} = \omega r_2$,设位移缩放系数为 J,则

$$J = \frac{S_{r2}}{S_{r1}} = \frac{\omega r_2}{\omega r_1} = \frac{r_2}{r_1} \tag{3.2}$$

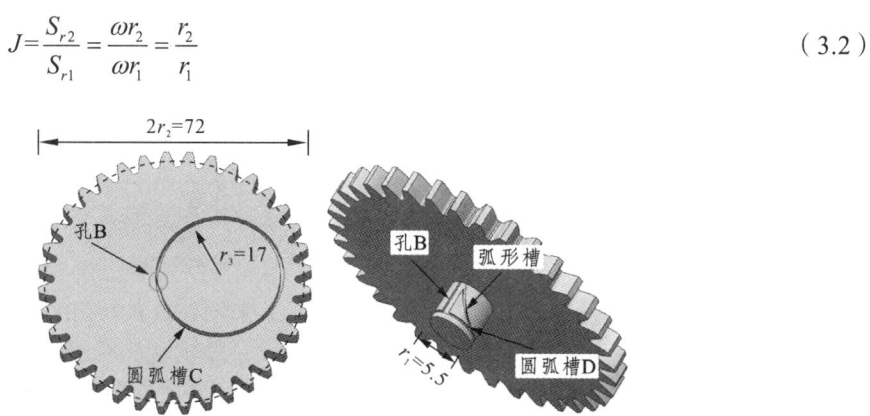

图 3.5 位移转化齿轮结构示意图及尺寸(单位:mm)

由式(3.2)可知:位移缩放系数 J 仅与同心圆半径的比值有关。基于此原理并综合考虑传感器的量程与精度,笔者设计了如图 3.5 所示的齿轮结构,齿轮的分度圆半径 r_2=36 mm,在距齿轮中心 r_1=5.5 mm 的地方开一个直径为 1 mm 的贯穿孔,光纤从贯穿孔中穿出,并用无影胶将光纤与贯穿孔及部分光纤缠绕槽固定。当齿轮在齿条的传动作用下绕中心旋转时,光纤会在齿轮下部的光纤缠绕槽(槽深 0.5 mm)上形成一段半径为 5.0 mm($r_1^* = r_1 - 0.5$)的光纤圆弧。

当外部位移驱动拉杆齿条伸长 Δl 时,齿条将牵动齿轮转动弧长 Δl,同时齿轮会沿顺时针方向转动角度 $\theta = \Delta l / r_2$,故齿轮上的弯曲光纤会沿着半径为 5.0 mm 的圆弧槽 D 增加长度 $\Delta S = \theta r_1^* = \Delta l r_1^* / r_2$;同理,当位移驱动拉杆齿条收缩 Δl 时,齿轮上的弯曲光纤会沿圆弧槽 D 逆时针减小长度 $\Delta S = \theta r_1^* = \Delta l r_1^* / r_2$。因此,该位移传感器可以实现对结构裂缝的伸长与收缩监测。由于光纤本身的损耗,在没有任何外界干扰的情况下,光纤的损耗信号曲线是一条逐渐减小的曲线,代表了传输过程中光能的连续损失。试验时为了获得光纤在弯曲状态时的损耗变化,必须减去光纤的本征损耗。光功率计记录的初始读数为 I_0,当拉杆发生伸长或收缩位移 Δl 时,弯曲光纤的长度会改变 ΔS。此时,光功率计的读数为 I_i,由于光纤采用对折形式在贯穿孔穿出,故随齿轮一起作旋转运动的光纤为两根,且光纤在圆形绕槽内旋转运动时半径为 r_1^*,则产生的光纤弯曲损耗为:

$$\Delta I_s = I_0 - I_i = 2\Delta S \alpha_c \tag{3.3}$$

式中:ΔI_s 为光纤弯曲损耗。

在实际应用时,我们只需通过测量和标注传感器的初始光功率 I_0,以及当前位移 Δl 时的光功率 I_i,就可得出位移 Δl 与光纤弯曲损耗 ΔI_s 之间关系为:

$$\Delta l = \Delta I_s \frac{r_2}{2\alpha_c r_1^*} = K\Delta I_s \tag{3.4}$$

式中：$K = r_2/2\alpha_c r_1^*$ 为传感器的标准传感系数。

由式（3.4）可知，测量位移与光纤弯曲损耗之间是线性关系。同时，考虑到使用的便宜性和在恶劣环境中的监测，光纤被完全保护在底座中，以确保传感器的稳健性，可供长期使用。因此，传感器完成封装和校准后，可以用来长期监测结构的变形。

2. 计算结果与标定

为对发明的线性位移传感器的可行性进行验证，作者开展传感器角度与损耗关系标定试验。标定试验中主要用到的仪器设备有光功率计、波长为 1 550 nm 的激光光源、无影胶等。试验如图 3.6 所示，将传感器的底座固定在试验平台上，齿轮放置于底座的固定孔中，光功率计和光源与传感器的光纤接头连接，记录光功率计的初始读数。齿轮的齿数为 36，每一个齿轮对应角度为 10°。试验中以 10° 为间隔转动齿轮，来回往复加载和卸载，从 0° 开始设置旋转角度直至 320°，每一步后稳定读数时间为 1 min，记录下旋转角度与相应的光功率值，同时通过齿轮旋转角度计算出齿条的运行位移。试验重复进行了 3 次，测试结果如图 3.7 所示。

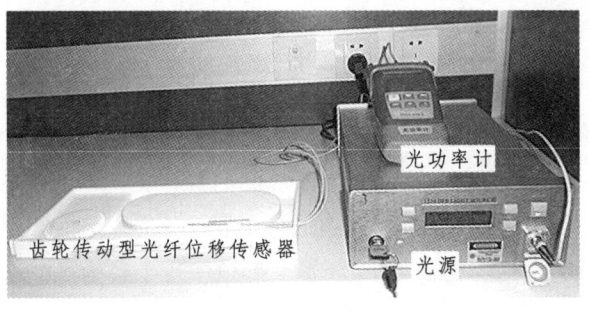

图 3.6 齿轮传动型光纤位移传感器标定试验

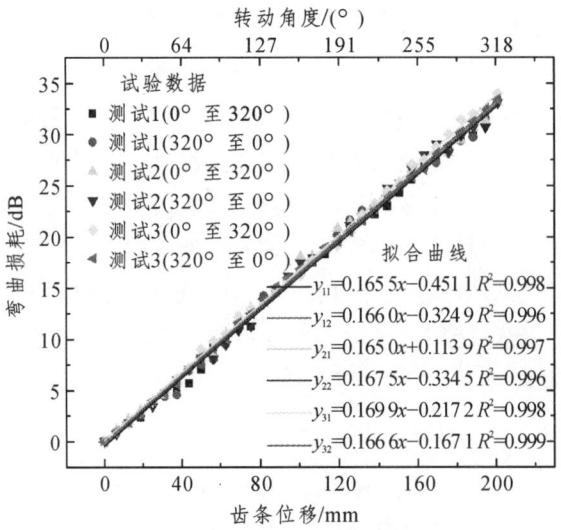

图 3.7 齿轮传动型光纤位移传感器标定结果

从 3 次重复性试验中可知，传感器的测量位移与输出光损耗信号之间呈现较好的线性关系，拟合优度 R^2 在 0.996 以上，测量量程可达 200 mm。在同一型号传感器的所有可取试验数据中，平均加载和卸载过程中的输出光损耗与测量位移的线性关系式为：

$$y_{加载} = 0.166\ 8x - 0.184\ 8 \quad R^2 = 0.997 \tag{3.5a}$$

$$y_{卸载} = 0.166\ 7x - 0.275\ 5 \quad R^2 = 0.997 \tag{3.5b}$$

式中：$y_{加载}$ 为试验加载时传感器输出的光损耗；$y_{卸载}$ 为试验卸载时传感器输出的光损耗；x 为拉杆位移。

因此，本章设计的齿轮传动型光纤位移传感器的加载和卸载灵敏度系数分别为 0.166 8 dB/mm 和 0.166 7 dB/mm；取倒数后可得传感器的标定系数分别为 $K_{加载}$ = 5.995 mm/dB，$K_{卸载}$ = 5.998 mm/dB，加、卸载时传感器标定系数的平均值与理论的位移传感器标准传感系数 K = 8.759 mm/dB 相比，约低 31.5%。

由前文光纤损耗特性分析，光纤在均匀应力作用下可能导致传导模场改变，因而产生损耗[166]。通过图 3.1 中试验来确定单位长度光纤弯曲损耗与弯曲半径的关系时，光纤在弯曲之前是处于自由状态的，未受到预先拉应力。但传感器在工作过程中光纤卡在圆弧槽 D 中并在齿轮固定孔中运动，增加或者减小缠绕光纤长度，即可实现对光损耗的调制，在缠绕过程中光纤具有拉应力。因此，由公式（3.1）得出理论上的传感器标准传感系数比试验中的传感器标定系数要大，即传感器的实际灵敏度比理论上的要高，推测携带拉应力的光纤在弯曲的同时会额外产生光损耗，然而对传感器的使用并不影响。由此可见，传感器在实际使用时应该进行标定测试，以试验中的标定系数为准，理论系数只作为参考。因此，研发的齿轮传动型光纤位移传感器的设计标准系数 K 取 6 个加、卸载试验数据的平均值，即 $K_{实}$ = 5.996 mm/dB。式（3.4）可表示为

$$\Delta l = 5.996\Delta L_s \tag{3.6}$$

本章使用的信号解调设备（光功率计）最小损耗分辨率为 0.01 dB，传感器标定的标准系数为 5.996 mm/dB（即灵敏度为 0.166 8 dB/mm），因此传感器的最小位移分辨率为 0.06 mm。

3.3.3　传感器的性能试验

1. 单点稳定性和重复性试验

在实际工程中，传感器信号测试时的稳定性和可重复性对数据结果的可靠性较为重要。上文标定试验中是通过齿轮转动来驱动拉杆运动的，为了将旋转位移转化为线性位移，并对其性能进行研究，作者设计传感器并对其进行单点稳定性和可重复性试验研究。试验主要用到的仪器设备有光功率计、波长为 1 550 nm 的稳定光源、无影胶、位移调节平台以及光纤位移传感器等。

为研究不确定位移对传感器精度的影响，笔者采用两块混凝土板对结构的相对位移进行模拟。如图 3.8 所示，用胶水将传感器固定在其中一块石板上，为使施加在传感器上的线性位移能够被精确测量，将另一块石板固结于最小定位精度为 0.02 mm 及测量量程为 400 mm 的

位移调节平台上,同时将传感器的拉杆固定在这块石板上。光功率计和光源分别与传感器的光纤接头连接。以 25 mm 为测量步长,逐次转动位移调节平台手柄,直至线性位移到传感器的满量程 200 mm 为止。在每次测量步后稳定 5 min,记录下光功率计中的读数。测量数据和结果如图 3.9 和表 3.1 所示。

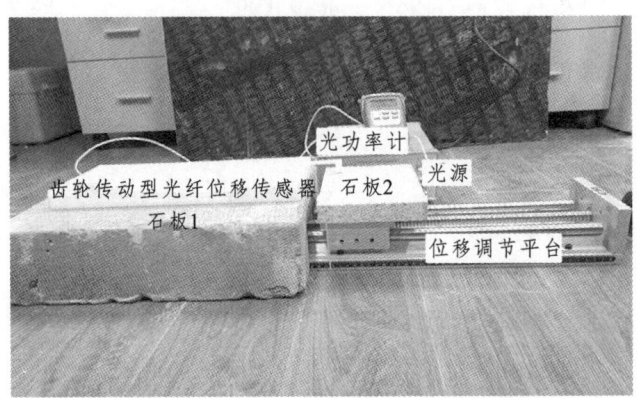

图 3.8 单点重复和稳定性测试装置

由图 3.9 和表 3.1 知,在同一位移点的光纤弯曲损耗基本保持不变,每 10 次测量中最大值与最小值之差不大于 0.09 dB,数据的最大标准偏差为 0.027 dB。由上文标定试验可知,传感器的标定系数为 5.996 mm/dB(即灵敏度为 0.166 8 dB/mm),则多次测量中传感器的可重复精度为 0.09 dB/(0.166 8 dB/mm)=0.540 mm,测量位移中的最大偏差为 0.027 dB/(0.166 8 dB/mm)=0.162 mm。根据以上分析,可证明传感器的长期稳定性和可重复性。

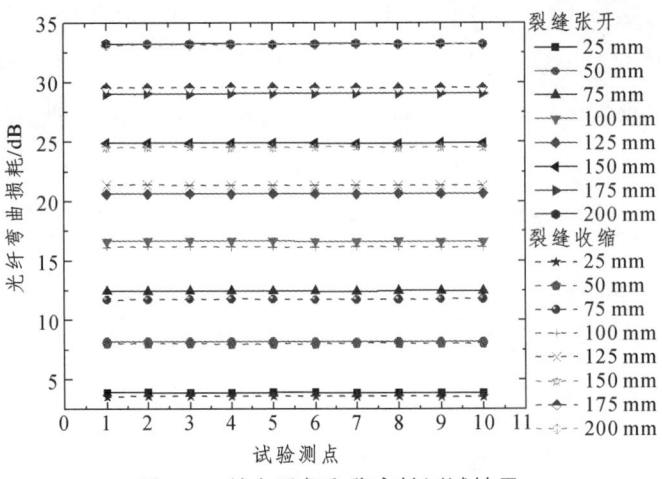

图 3.9 单点重复和稳定性测试结果

表 3.1 单点重复和稳定性测试数据分析

裂缝开度/mm		光功率损耗/dB				
		最大值	最小值	最大与最小值的差值	平均值	标准差
25	张开	3.92	3.85	0.07	3.88	0.021 0
	收缩	3.61	3.55	0.06	3.58	0.019 5
50	张开	8.22	8.16	0.06	8.19	0.017 8
	收缩	8.06	7.98	0.08	8.02	0.026 1

续表

裂缝开度/mm		光功率损耗/dB				
		最大值	最小值	最大与最小值的差值	平均值	标准差
75	张开	12.49	12.42	0.07	12.46	0.021 4
	收缩	11.79	11.71	0.08	11.75	0.027 0
100	张开	16.69	16.62	0.07	16.65	0.023 9
	收缩	16.19	16.12	0.07	16.16	0.022 4
125	张开	20.69	20.62	0.07	20.66	0.021 6
	收缩	21.39	21.33	0.06	21.36	0.017 9
150	张开	24.94	24.87	0.07	24.91	0.020 6
	收缩	24.59	24.51	0.08	24.54	0.026 9
175	张开	29.08	28.99	0.09	29.05	0.026 8
	收缩	29.58	29.51	0.07	29.55	0.020 6
200	张开	33.28	33.21	0.07	33.25	0.022 9
	收缩	33.22	33.13	0.09	33.19	0.026 1

2. 裂缝随机开度监测模拟试验

在实际应用中,由于外界条件的不确定性,位移变化是往复的,位移的改变量是不确定的,如建筑结构预留的伸缩缝,在外部荷载作用时具有来回、随机开度。因此,为进一步测试传感器对随机位移的监测性能,开展了裂缝开度监测试验。

试验装置与图 3.8 相同,记录下光功率计中初始光功率 I_0 后,按照事先设计的参考位移(真实值)通过位移调节平台进行随机施加,记录下每次位移改变后的光功率计读数 I_i。在本试验中,随机位移计算值(传感器得出的预测值)与参考值的比较及误差分析如图 3.10 和表 3.2 所示。

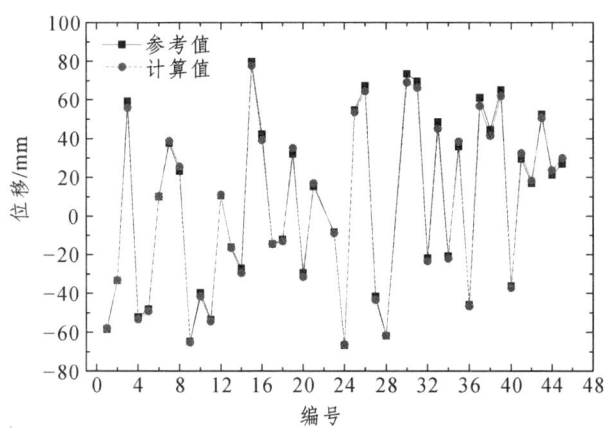

图 3.10 裂缝随机开度监测模拟试验中随机位移计算值与参考值的对比

从图 3.10 及表 3.2 可知,对 45 个样本进行的裂缝开度随机模拟过程,大致能够反映出裂缝变化的真实情况。传感器的测量值与参考值基本一致,相对误差较小,且基本在 10%以内，可以满足工程测量要求。相对误差最大值出现在编号为 44 的裂缝开度处，预测值为 23.68 mm，参考值为 21.24 mm。相对误差最小值则出现在编号为 17 的裂缝开度处，预测值为-14.45 mm，参考值为-14.45 mm，测量的相对误差仅为 0.01%。此外，裂缝是否张开或者收缩可以通过光功率计中的读数判断，读数增加则表示裂缝张开，反之亦然。由此可见，本传感器可有效识别出结构中随机裂缝的开度。

表 3.2 裂缝随机开度监测模拟试验中随机位移计算值与参考值的误差分析

编号	参考值/mm	相对光功率/dB	计算值/mm	相对误差/%	编号	参考值/mm	相对光功率/dB	计算值/mm	相对误差/%
1	-58.43	9.67	-57.97	-0.78%	24	-66.72	11.05	-66.25	-0.71%
2	-33.30	5.52	-33.09	-0.62%	25	54.67	-8.94	53.60	-1.96%
3	59.13	-9.31	55.82	-5.61%	26	67.23	-10.75	64.45	-4.14%
4	-52.15	8.9	-53.36	2.32%	27	-41.59	7.21	-43.23	3.93%
5	-48.25	8.2	-49.16	1.89%	28	-61.7	10.29	-61.69	-0.02%
6	10.05	-1.7	10.19	1.41%	30	73.52	-11.53	69.12	-5.98%
7	37.58	-6.45	38.67	2.90%	31	69.62	-11.05	66.25	-4.84%
8	23.25	-4.24	25.42	9.33%	32	-21.73	3.89	-23.32	7.32%
9	-64.71	10.87	-65.17	0.71%	33	48.38	-7.51	45.02	-6.94%
10	-39.58	6.95	-41.67	5.27%	34	-20.73	3.66	-21.94	5.85%
11	-53.53	9.07	-54.38	1.58%	35	35.82	-6.41	38.43	7.28%
12	10.68	-1.84	11.03	3.29%	36	-45.86	7.78	-46.64	1.71%
13	-16.15	2.75	-16.49	2.09%	37	60.95	-9.46	56.71	-6.95%
14	-27.01	4.92	-29.50	9.21%	38	44.49	-6.91	41.43	-6.89%
15	79.80	-12.98	77.82	-2.48%	39	65.16	-10.32	61.87	-5.05%
16	42.10	-6.55	39.27	-6.73%	40	-36.25	6.19	-37.11	2.37%
17	-14.45	2.41	-14.45	-0.01%	41	29.53	-5.4	32.37	9.63%
18	-12.25	2.19	-13.13	7.18%	42	16.97	-3.05	18.29	7.75%
19	31.92	-5.85	35.07	9.87%	43	52.47	-8.44	50.60	-3.56%
20	-29.4	5.24	-31.41	6.85%	44	21.24	-3.95	23.68	11.49%
21	15.40	-2.82	16.91	9.78%	45	26.96	-4.98	29.86	10.74%
23	-8.17	1.48	-8.87	8.60%					

3.4 A 字形光纤弯曲损耗位移监测技术

3.4.1 传感器结构与测量原理

本传感器是一种利用光纤弯曲损耗原理的大量程位移传感器。该传感器主要构件包括底座、拉杆、左测量臂和右测量臂、定位销、单模光纤、顶盖等，其结构及尺寸如图 3.11 所示。

（1）长度为 150 mm 的左测量臂下端通过底座上的孔与拉杆一端铰接，相同尺寸结构的右测量臂下端与底座铰接，两测量臂的上端通过预留的孔铰接。

（2）在左测量臂上有一个以上铰接点为中心且半径为 5.0 mm 的四分之一圆弧结构，弧形结构的截面为半径为 1.2 mm 的半圆。沿弧形结构轴线留有半径为 0.2 mm 的半圆槽，用于固定和引导光纤；类似地，右测量臂上也有同样一个半径为 6.2 mm 的四分之一圆弧结构。

（3）由于光纤的弯曲特性，当两个测量臂有相对运动时，安装在左测量臂凹槽中的光纤与右测量臂凹槽相配合，形成半径恒定的光纤弧长。因此，当拉杆发生位移时，凹槽中光纤的弯曲长度会发生相应的变化，从而引起光纤弯曲损耗。通过建立位移与弯曲损耗之间的关系，可以确定其运动情况。

（4）传感器测试中使用工作波长为 1 550 nm 的稳定光源和光功率计，两者分别连接传感器的两端光纤接头。

假定两测量臂之间的夹角 β 为 0.5π，则监测结构的裂缝收缩导致两测量臂的位移与光纤弯曲损耗之间的关系可表示为：

$$\Delta I_s = r\alpha_c (\pi - 2\arcsin(l/2R)) \qquad (3.7a)$$

类似地，当监测结构的裂缝张开时，两测量臂的位移与光纤弯曲损耗之间的关系为：

$$\Delta I_s = 2r\alpha_c \arcsin(l/2R) \qquad (3.7b)$$

式中：ΔI_s 为光纤的弯曲损耗；r 为光纤恒定弯曲的半径；l 为两测量臂之间的绝对距离。从式（3.7）中可看出，A 字形光纤位移传感器的测量位移与光纤弯曲损耗之间存在两种显著的非线性关系，分别对应监测两种不同的裂缝开度情况。通过将拉杆和传感器底座安装在结构裂缝的两侧，就可以检测裂缝的张开和闭合。

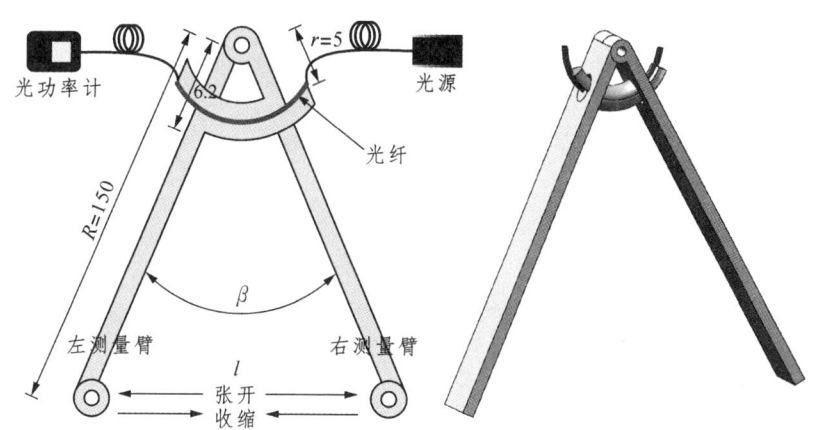

图 3.11　A 字形光纤位移传感器示意图及其尺寸（单位：mm）

3.4.2　测量原理的检验与参数分析

为对发明的 A 字形光纤位移传感器的相关参数进行分析和确定，作者展开了标定试验。本试验中所使用的仪器设备有光功率计、工作波长为 1 550 nm 的稳定光源、直尺、无影胶等。试验如图 3.12 所示，将传感器的底座固定在试验平台上，两测量臂的初始角度 β 设置为 0.5π，光功率计和光源与传感器的光纤接头连接，记录下光功率中的初始读数。整个试验分为 3 个部分：双臂角度 β 由 0.5π 变为 0，由 0 变为 0.5π，由 0.5π 变为 π。测试时，移动拉杆，每移动一步后稳定读数时间 1 min，同时记录下两测量臂之间的距离和光纤损耗信号。为减小试验的误差，进行了 3 次重复性试验，测试结果如图 3.13 所示。

图 3.12　A 字形光纤位移传感器标定试验

从 3 次重复性试验中可以看出，测试数据在 0~300 mm 的裂缝开度范围内具有显著的非线性关系。A 字形光纤位移传感器测量的最大裂缝收缩和张开位移分别为 212.1 mm 和 87.9 mm。从图中的拟合方程中可以明显看出，当两测量臂角度 β 分别在 0 和 0.5π 或者 0.5π 和 π 之间变化时，拟合曲线的斜率和截距基本相同，3 次重复试验中未观察到明显的迟滞或疲劳效应。曲线拟合效果较好，拟合优度 R^2 均大于 0.962。因此，可得到传感器在测量收缩和张开位移时的平均拟合关系式为：

$$y_{收缩} = 5.109\arcsin(x/300) - 3.866 \quad R^2 = 0.991 \tag{3.8a}$$

$$y_{张开} = -5.401\arcsin(x/300) + 4.548 \quad R^2 = 0.974 \tag{3.8b}$$

式中：$y_{收缩}$ 和 $y_{张开}$ 分别是传感器在测量收缩和张开位移时的弯曲损耗；x 为传感器两测量臂之间的绝对距离。

传感器在检测收缩和张开裂缝时，$\arcsin(x/300)$ 前标定传感系数分别为 5.109 dB 和 5.401 dB，与理论的位移传感器标准传感系数 4.113 dB 相比，分别高 24.2% 和 31.3%。由此可见，在实际使用时应该采用试验标定的传感系数。本章提出的 A 字形光纤位移传感器的测量位移与输出光损耗之间的关系是非线性的，因此，无法准确定义以及确定传感器的灵敏度和最小位移分辨率。

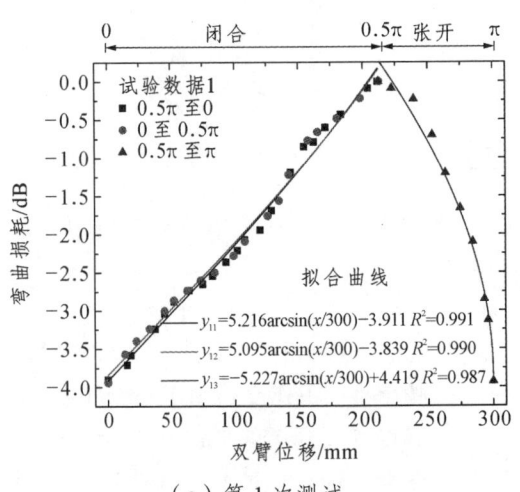

(a) 第 1 次测试

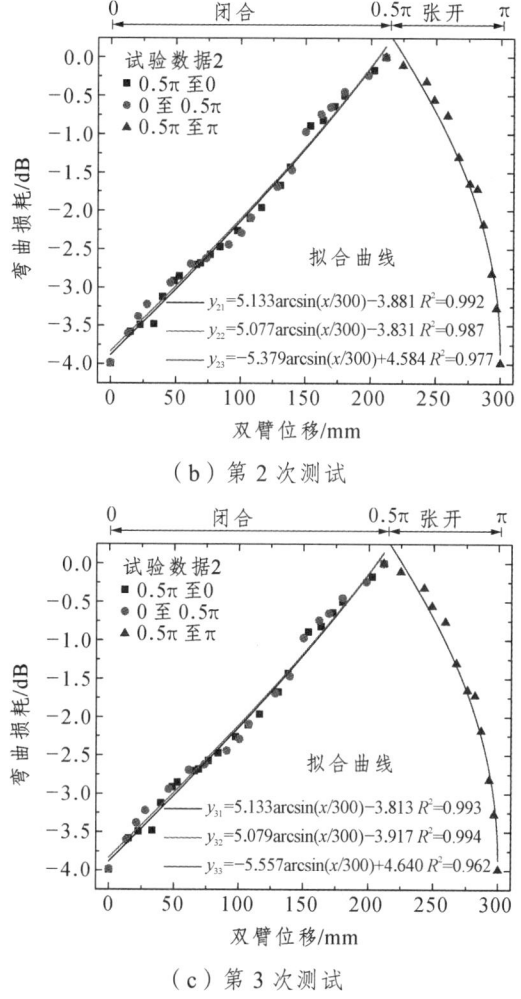

(b) 第 2 次测试

(c) 第 3 次测试

图 3.13 A 字形光纤位移传感器标定结果

3.4.3 传感器的性能测试

如上所述从理论上证明了 A 字形光纤位移传感器能够检测裂缝变形。为了进一步测试该传感器对随机往复裂缝开度的工作性能，作者展开了和图 3.8 测试过程类似的模型试验。为模拟结构裂缝或者坝体的随机开裂过程，转动位移调节平台手柄随机施加往复位移，记录下每次裂缝变化后光功率计中的读数。本试验中测量双臂之间的初始角度 β 为 0.47π。根据几何关系可以计算出两臂之间的对应距离为 202.5 mm，对应的相对弯曲损耗为 0.08 dB。所以公式（3.8）需要修正来计算两臂的相对运动，具体表示为：

$$y_{收缩} - 0.08 = 5.109\arcsin((202.5 - x_{相对})/300) - 3.866 \ (0 < \beta < 0.47\pi) \quad (3.9\text{a})$$

$$y_{张开} - 0.08 = \begin{cases} 5.109\arcsin((202.5 + x_{相对})/300) - 3.866 & (0.47\pi < \beta < 0.5\pi) \\ -5.401\arcsin((202.5 + x_{相对})/300) + 4.548 & (0.5\pi < \beta < \pi) \end{cases} \quad (3.9\text{b})$$

式中：$x_{相对}$ 为传感器在检测收缩和张开裂缝时两臂之间的相对距离，是相对于传感器的初始

状态 β 为 0.47π 时的距离。

在本试验中，随机位移计算值与参考值的比较以及误差分析如图 3.14 和图 3.15 所示。对 30 个样本进行的裂缝开度随机模拟过程，能够反映出裂缝变化的真实情况。传感器的测量值与参考值基本一致，相对误差较小，在 10% 左右波动，说明传感器基本可以用来检测大的位移信号。传感器双臂的初始角度 β 为 0.47π，光功率计的初始读数为 $-28.03\,\text{dB}$。在裂缝闭合过程中，光功率计的读数相对初始状态都是不断增加的，相对光功率一直为负值（图 3.14 中灰色正文形数据点线）；但在裂缝张开过程中，光功率计的读数先减小，相对光功率为正值，直到 β 为 0.5π（图 3.15 中编号 20 和 21，相对光功率分别为 $0.12\,\text{dB}$ 和 $0.19\,\text{dB}$），然后继续增大，相对光功率为负值，根据光功率计中读数变化趋势可判断出裂缝的张开和闭合情况。综上所述，该传感器可以有效地确定裂缝的方向和空间运动。

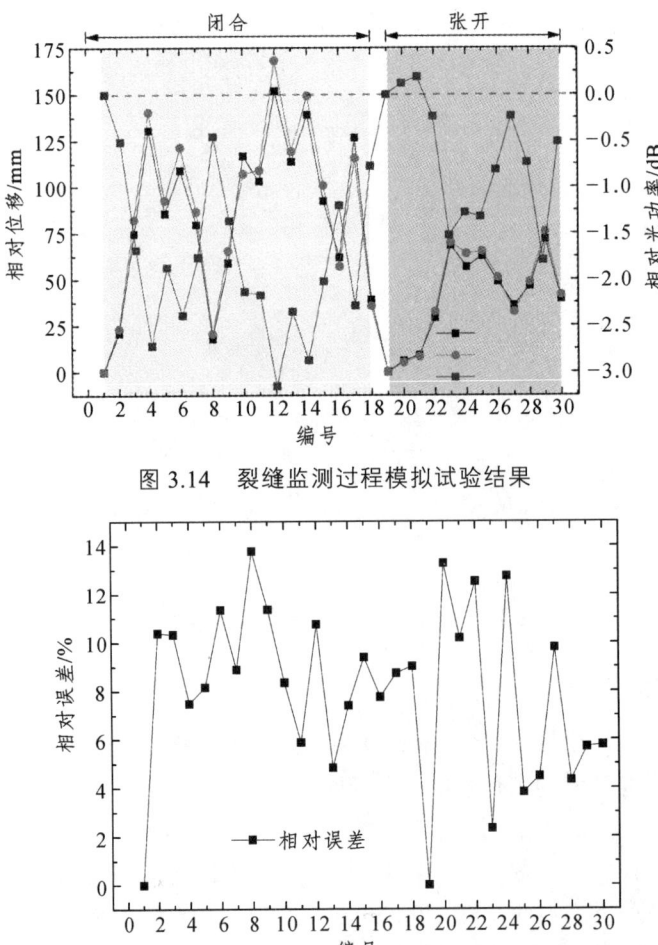

图 3.14　裂缝监测过程模拟试验结果

图 3.15　裂缝监测过程模拟试验误差分析

3.5　本章小结

本章介绍了自行研发的两种用于边坡表面拉裂变形的光纤弯曲损耗位移监测技术。具体研究成果如下：

（1）提出了一种可用于位移测量的大量程、结构简单的齿轮传动型光纤位移传感器；从理论上证明测量位移与光纤弯曲损耗之间的线性关系，并推导出表达式；开展一系列标定试验和性能试验。试验结果证明，该传感器的测量范围为 0~200 mm，灵敏度为 0.166 8 dB/mm，最小位移分辨率为 0.06 mm，重复性测量中的最大位移偏差为 0.162 mm。

（2）自行研发了一种结构简单的 A 字形光纤位移传感器。该传感器在检测裂缝收缩和张开时的位移响应最大值分别为 212.1 mm 和 87.9 mm，位移响应具有两个明显的非线性区域。展开了一系列性能试验，两测量臂之间初始角度 β 设置为 0.47π，证明了传感器能有效地识别裂缝的方向和变形。

4

边坡竖向变形光纤监测技术研究

4.1 引 言

边坡表面变形除了常见的坡体拉裂、位错外，也可能出现作为工程设施的承载体而产生的地基不均匀性沉降问题。特别是高填方边坡工程，填土体自重和地基新增附加应力可能会引起土体的竖向变形，表现为地表的塌陷、沉降现象等。沉降变形监测是岩土工程中的重要检测指标，可用于工程风险评估和预测预报。传统的基岩标、分层标和水准测量等自动化程度低，监测时需要较多人力、物力，实施难度大[32, 59, 60]；InSAR 和 GPS 监测技术自动化程度较高，但技术成本高，主要针对区域性地表监测，对局部小范围沉降识别有限制，监测精度受地面植被和解算方式影响[35-38, 45-48]。上一章中研发的边坡表面变形光纤监测技术可用于地表水平位移、拉裂等测量，但却局限于地面沉降变形测量，而现有的光纤传感器的解调设备成本较高，测量范围有限，难以根据实际监测需求来定制。因此，本章利用解调技术成熟且成本较低的光时域反射技术，结合地面沉降大的变形特点，研发了一种基于圆柱形螺旋弹簧的光纤缠绕调制结构，分析了光纤缠绕结构的光损耗敏感机理，通过理论计算与试验测试研究光纤缠绕结构的几何结构设计、损耗传感特性和力学性能等问题，研发地基沉降变形弹簧式光纤位移监测技术的结构与封装以及准分布式复用方法，展开室内标定和土体排水沉降光纤监测技术模型试验研究，分析光纤传感技术监测结果，为进一步现场试验提供可靠依据。

4.2 弹簧式光纤缠绕结构损耗敏感性分析

4.2.1 弹簧式光纤弯曲损耗机制

弹簧是一种十分常见的利用弹性来工作的机械零件，在外力作用下发生形变，除去外力后又恢复原状。按照形状划分，弹簧可分为螺旋弹簧、涡卷弹簧、板弹簧、异型弹簧等。在螺旋弹簧中，最常见的就是圆柱形螺旋弹簧。圆柱形螺旋弹簧的几何形状是空间螺旋线，当圆柱形螺旋弹簧为等节距弹簧时，其螺旋线的空间曲率处处相等。故以圆柱形螺旋弹簧为载体，在簧丝线径最外侧表面上粘贴分布式传感光纤，利用弹簧压缩变形时产生的处处相同的空间曲率，引起粘贴在簧丝外径表面的光纤产生弯曲损耗变化，通过光时域反射计可测量到光信号，进行相应的数据解调，建立输出光信号与测量压缩位移之间的定量关系，就可以计算出弹簧压缩变形量。基于这种设计原理，笔者设计了如图 4.1 所示的弹簧式光纤弯曲调制结构，可用于检测沿传感结构轴向的大变形或者应变。

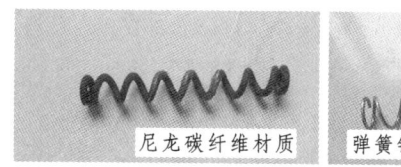

图 4.1　弹簧式光纤弯曲调制

光纤被缠绕在弹簧线径外侧上，为进一步分析光纤弯曲半径（螺旋线的曲率半径）与损耗的关系，需要对空间螺旋线的曲率半径进行推导。将以弹簧材料中心线形成的螺旋线建立在如图 4.2 所示的坐标中，则空间螺旋线的方程为：

$$\left.\begin{array}{l} x = \dfrac{D}{2}\cos\theta \\ y = \dfrac{D}{2}\sin\theta \\ z = \dfrac{t}{2\pi}\theta \end{array}\right\} \quad (4.1)$$

式中：D 是螺旋线圆柱直径，即弹簧中径；θ 是螺旋线的极角；t 是螺旋线节距。

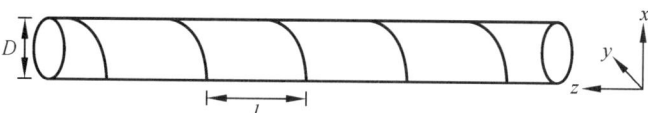

图 4.2　圆柱体弹簧螺旋线

螺旋线的曲率半径：

$$\rho = \dfrac{D}{2}\left(1 + \dfrac{t^2}{\pi^2 D^2}\right) \quad (4.2)$$

弹簧在压缩和伸长过程中，基本可认为弹簧的簧丝长度保持不变。依据该结论，可以推导出弹簧变形中芯径和压缩位移之间的关系：

设：l 为螺旋线的长度，即弹簧有效工作圈材料的展开长度；l' 为弹簧变形后单圈簧丝的长度；D' 为弹簧变形后的芯径；t' 为弹簧变形后弹簧的节距。

$$l = (t^2 + \pi^2 D^2)^{0.5} \quad (4.3)$$

又有：

$$l' = l \quad (4.4)$$

所以：

$$(t^2 + \pi^2 D^2)^{0.5} = (t'^2 + \pi^2 D'^2)^{0.5} \quad (4.5)$$

化简得到：

$$D' = \left(D^2 + \dfrac{t^2 - t'^2}{\pi^2}\right)^{0.5} \quad (4.6)$$

弹簧变形后螺旋线的曲率半径和节距之间的关系为：

$$\rho = \frac{\left(D^2 + \dfrac{t^2 - t'^2}{\pi^2}\right)^{0.5}}{2}\left[1 + \frac{t'^2}{\pi^2\left(D^2 + \dfrac{t^2 - t'^2}{\pi^2}\right)}\right] \quad (4.7)$$

当圆柱形螺旋弹簧的曲率半径和节距一定时，缠绕光纤的弯曲损耗与缠绕的长度成正比，表示为：

$$\Delta I_S = l \times \alpha_c \quad (4.8)$$

其中，l 为光纤缠绕长度，由式（4.9）可表示为：

$$l = n \times (t^2 + \pi^2 D^2)^{0.5} \quad (4.9)$$

式中：n 是光纤缠绕的圈数。缠绕光纤的弯曲损耗主要取决于光纤单位长度的弯曲损耗和弯曲长度。当光纤种类和光源工作状态固定时，单位长度的光纤弯曲损耗取决于弯曲半径大小，光纤的弯曲半径与圆柱形螺旋弹簧的直径及节距密切相关。光纤的弯曲半径越小、弯曲长度越长时，产生的弯曲损耗越大。

4.2.2　弹簧式光纤缠绕结构设计分析

试验测试设备为 AV6418 型 OTDR 仪，工作波长为 1 550 nm，脉宽为 80 ns，所用单模光纤型号为 G652D。由 2.2.3 节的分析可知，光纤的弯曲半径为 4.5~8.0 mm 时，测量的弯曲损耗比较准确。光纤弯曲半径小于 4.5 mm 时，噪声过大，影响测量结果准确性；光纤弯曲半径大于 8.0 mm 时，光纤的半圆圈损耗变化值较小，不利于信号检测。由图 2.10 可知，单位长度的光纤弯曲损耗与弯曲半径的经验关系式为：

$$\alpha_c = 17.981\,2\rho^{-0.5}e^{-0.668\,84\rho} \quad (4.10)$$

故初步选定等节距弹簧单圈的初始直径 D（mm）=9、10、11、12、13、14、15 以及初始节距 t（mm）=5、6、7、8、9、10、11、12、13、14、15，并假定弹簧的线径为 1 mm，以此为基础来进行后续的结构设计分析。

弹簧压缩变形时，t 为弹簧的初始节距，t' 为弹簧变形后的节距，单圈弹簧的压缩量 f 与节距之间的关系为：

$$f = t - t' \quad (4.11)$$

弹簧的理论压缩量与初始节距及压缩变形后节距有关，弹簧的初始节距越大，压缩变形后的节距越小，则弹簧的理论压缩量越大。弹簧压缩到极限时的节距即为弹簧线径值。

因此，理论上的最大压缩量与初始节距的关系为：

$$f_{\max} = t - 1 \quad (4.12)$$

弹簧的不同初始节距所对应的最大压缩量也不同。随着初始节距的增加，弹簧理论最大压缩量也随之线性增加。

弹簧变形后的曲率半径与节距关系由式（4.7）直接确定，结合式（4.10），可求出光纤弯曲损耗，将计算结果绘制在图4.3中。

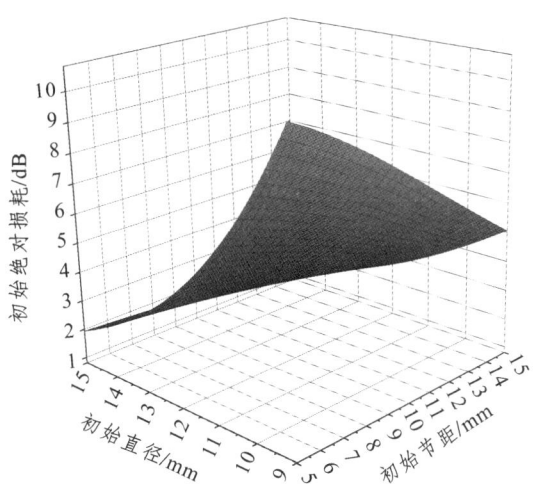

图4.3 初始直径、初始节距与初始损耗的关系

由图4.3可知：当初始直径一定时，初始节距越小，对应的初始损耗越大；当初始节距一定时，初始直径越小，对应的初始损耗也越大。在压缩过程中，光纤弯曲曲率不断增大，损耗也不断增大，初始直径及初始节距对应的初始损耗是整个压缩过程中的最小值，因此弹簧式光纤缠绕结构中的单圈光纤弯曲损耗不能太大，而且实际使用时一般将光纤缠绕 2~3 圈，不采用单圈缠绕。此外，在传感器后期开发中进行串联准分布式监测，串联后的传感器通过 OTDR 仪在一个光纤链路上进行测量。为尽可能使准分布式传感网络上串联较多监测点，光纤缠绕结构中的单圈光纤弯曲损耗建议在 1.0~2.0 dB 之间为宜。由图4.3可知，当初始直径小于 12 mm 时，不同初始节距下对应的单圈光纤最小初始损耗为 2.65 dB；当初始直径大于 13 mm 时，不同初始节距下对应的单圈光纤最大初始损耗为 2.07 dB。因此，弹簧的初始直径被建议在 13~15 mm 范围内。

令弹簧式光纤缠绕结构压缩变形时的灵敏度为 K_S，光纤初始损耗为 ΔI_{S0}，压缩变形后的损耗为 $\Delta I_{S'}$，压缩量为 f，则弹簧式光纤缠绕结构的灵敏度可表示为：

$$K_S = \frac{\Delta I_{S'} - \Delta I_{S0}}{f} \tag{4.13}$$

弹簧式光纤缠绕结构的损耗由式（4.7）和式（4.10）计算得到。令 K_{S0} 为初始灵敏度，代表弹簧被压缩变形 1 mm 时的灵敏度，经过计算可得到初始灵敏度与初始直径及初始节距的关系，将其绘制在三维图 4.4 中。从图中可以看出：随着初始直径的增加，弹簧的初始灵敏度不断下降；初始直径一定时，随着初始节距的增加，灵敏度呈先增加后减小的趋势。

为了进一步分析弹簧式光纤缠绕结构在压缩变形时灵敏度的变化规律，现将初始直径为 15 mm、不同初始节距（5 mm、6 mm、7 mm、8 mm、9 mm、10 mm、11 mm、12 mm、13 mm、14 mm、15 mm）下的弹簧灵敏度随压缩量的变化关系绘制在图 4.5 中。从图中可以看出：当弹簧的初始直径越小时，结构灵敏度越高；当初始直径一定时，同一压缩量下的结构灵敏度随着节距的增加而逐渐增加；结构灵敏度随着压缩量的增加而逐渐减小；当弹簧压缩变形量一定时，节距越大，灵敏度变化值越小，意味着弹簧的压缩量与光损耗的线性度越好。

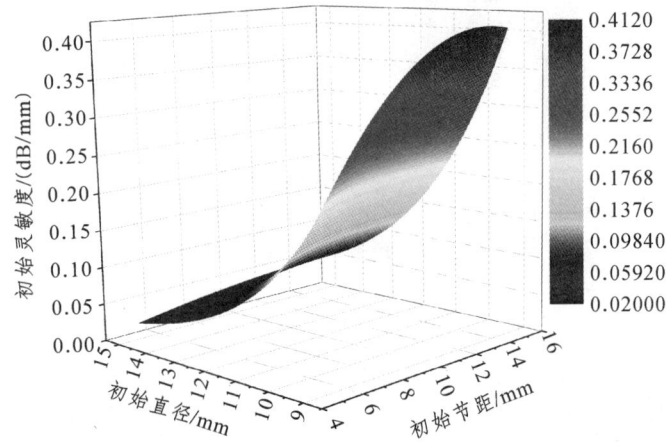

图 4.4　初始直径、初始节距与初始灵敏度的关系

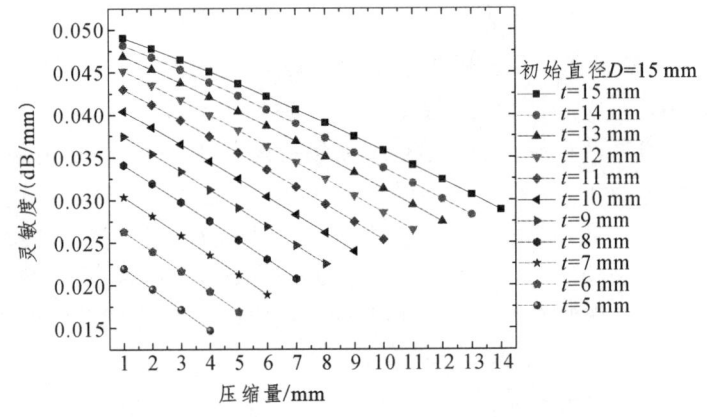

图 4.5　初始直径为 15 mm 时不同初始节距下结构灵敏度与压缩量的关系

综合考虑量程（弹簧初始节距太小且在一定尺寸线径下，压缩变形量太小）、弯曲损耗、灵敏度以及线性度，本章在后续试验中选取初始直径为 13 mm、14 mm、15 mm，初始节距为 12 mm、13 mm、14 mm、15 mm 的弹簧做进一步分析。

4.2.3　弹簧式光纤缠绕结构的性能测试

在上文中对弹簧式光纤弯曲调制进行结构设计，分析了光纤缠绕结构的几何尺寸（直径、节距等）与光损耗之间的关系。但上述分析中理想地考虑弹簧在压缩变形过程中是完全弹性体，光纤弯曲损耗只与曲率半径有关，而实际制作中的非标准弹簧不是完全弹性体或者不能被完全压缩，也不可忽略光纤粘贴技术及基体弹簧制作优劣等影响因素。为保证弹簧结构尺寸规则，与设计要求一致，且便于光纤粘贴，试验一利用 3D 打印技术制作一批直径为 13 mm、14 mm、15 mm，节距为 12 mm、13 mm、14 mm、15 mm，线径为 4 mm，长度为等节距圈 6

圈的尼龙碳纤维弹簧，在弹簧外侧轴线上预留一个半径为 0.3 mm 的半圆形凹槽，在弹簧正中部位置沿着簧丝缠绕 2 圈型号为 G652D 的单模光纤，进一步开展弯曲损耗压缩测试。在实际测试中，由于受到不同的地面荷载压力和沉降变形影响，需要考虑弹簧式光纤缠绕结构的刚度和力学性能。因此，试验二采用市面上常见的弹簧钢作为光纤缠绕结构的基体材料，定制一批直径为 13 mm、14 mm、15 mm，节距为 12 mm、13 mm、14 mm、15 mm，线径为 1.2 mm、1.4 mm、1.6 mm，长度为等节距圈 6 圈的弹簧钢弹簧，利用探测测试机对弹簧钢材质基体弹簧进行力学性质测试，分析结构受力和变形状态。试验中主要设备和材料包括 AV6418 型 OTDR 仪、AV6471 型光纤熔接机、弹簧压缩测试机。

试验一：首先利用 3D 打印技术制作出 Solidworks 中绘制的不同几何结构弹簧，然后在弹簧中部凹槽处用无影胶固定缠绕 2 圈光纤，两端分别预留一定长度过渡光纤。将制作好的弹簧式光纤缠绕结构置于弹簧压缩测试机中，为防止压缩过程中弹簧偏心，在弹簧中间插入一根比弹簧内径略小的圆柱形导杆。弯曲结构的一端连接上光时域反射计，装置和设备连接完成后，利用测试机上的数显刻度尺记录下光纤弹簧的长度，同时在 OTDR 仪中读出光纤弹簧元件的初始损耗值。通过转动弹簧测试机的手轮进行逐级加载，每级位移加载量为 2~3 mm，将弹簧压缩至相对极限（中间等节距部分的弹簧基本并紧）的位置，每次加载完成稳定 2 min 后，记录下 OTDR 仪中的光损耗值和测试机上的位移值，测试如图 4.6 所示。

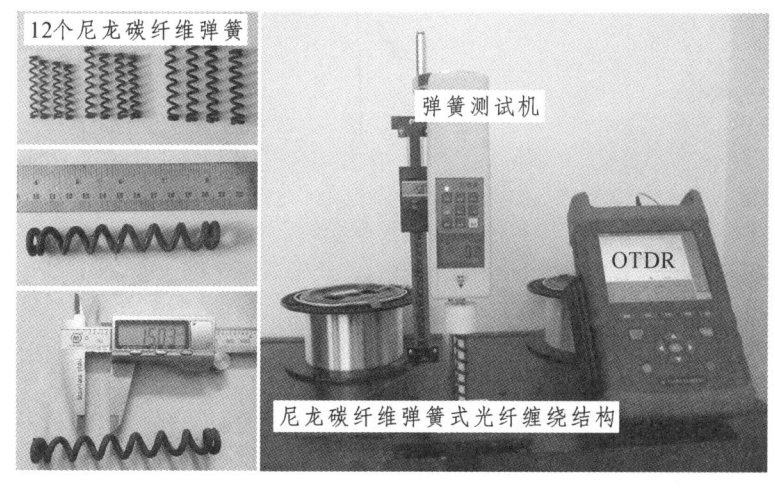

图 4.6　弹簧式光纤缠绕结构的压缩测试

4.2.2 节讨论了等节距圈弹簧单圈光纤缠绕结构的弯曲损耗机制，理论上弹簧是完全弹性体，故等节距圈弹簧单圈压缩量为 6 圈整体压缩量的 1/6。在此通过上节中的理论分析对本节中 6 圈等节距圈弹簧式光纤缠绕结构损耗关系进行计算，可以得到光纤弯曲损耗与压缩量之间理论关系，与本节中的实际测量结果比较。值得注意的是试验测试中的弹簧是等节距圈 6 圈，外加两端一圈的磨平并紧圈，而理论分析中的弹簧结构没有设置两端的磨平并紧圈，但是仍可以用理论分析和试验测试进行对比，进一步来检验试验测试的有效性。上述理论中计算的光纤缠绕结构损耗敏感性分析均为单圈缠绕光纤损耗与位移调制关系，在此通过式（4.7）和式（4.10）计算出 2 圈缠绕光纤的损耗值以及对应的 6 圈弹簧位移值，结果如图 4.7 所示。

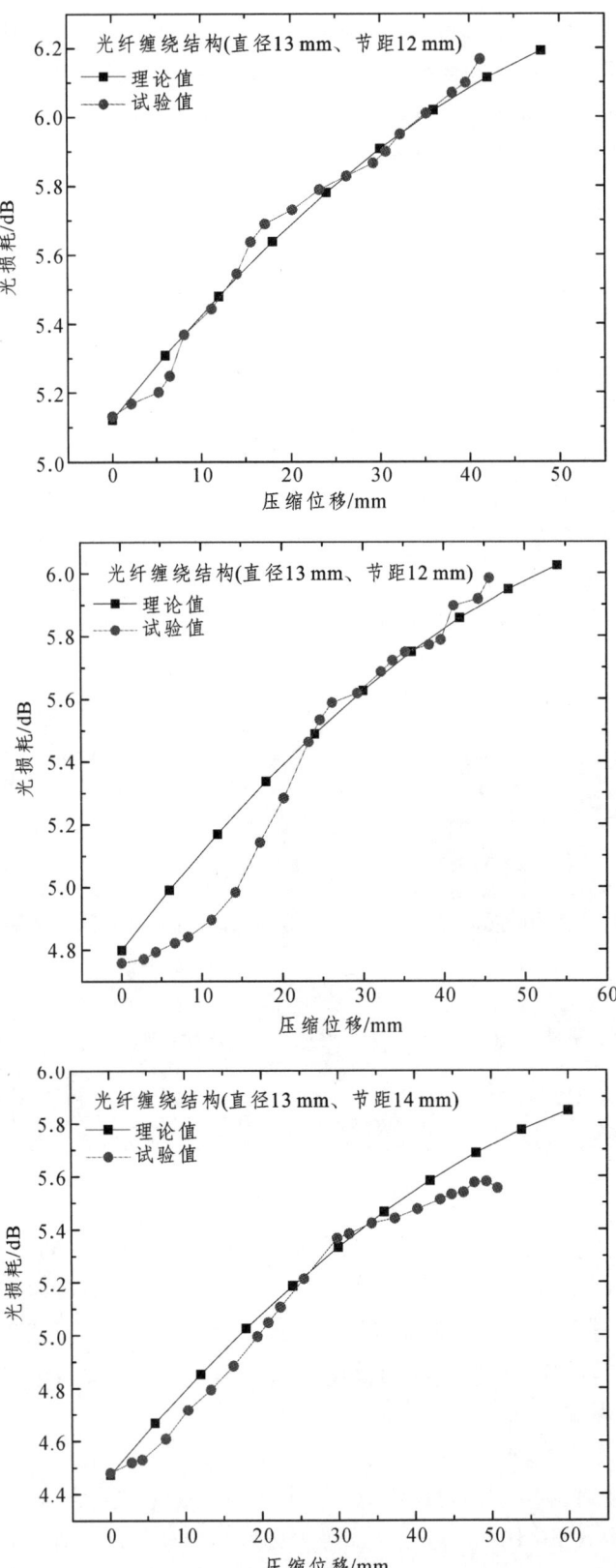

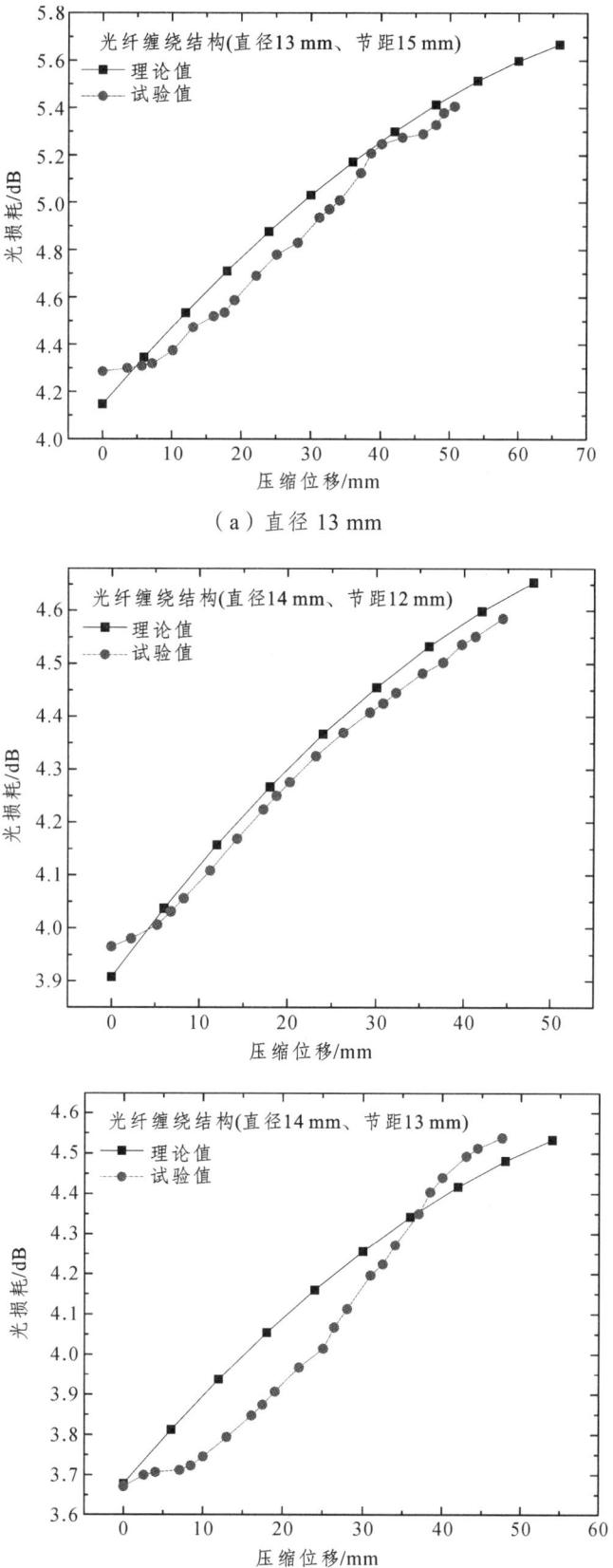

（a）直径 13 mm

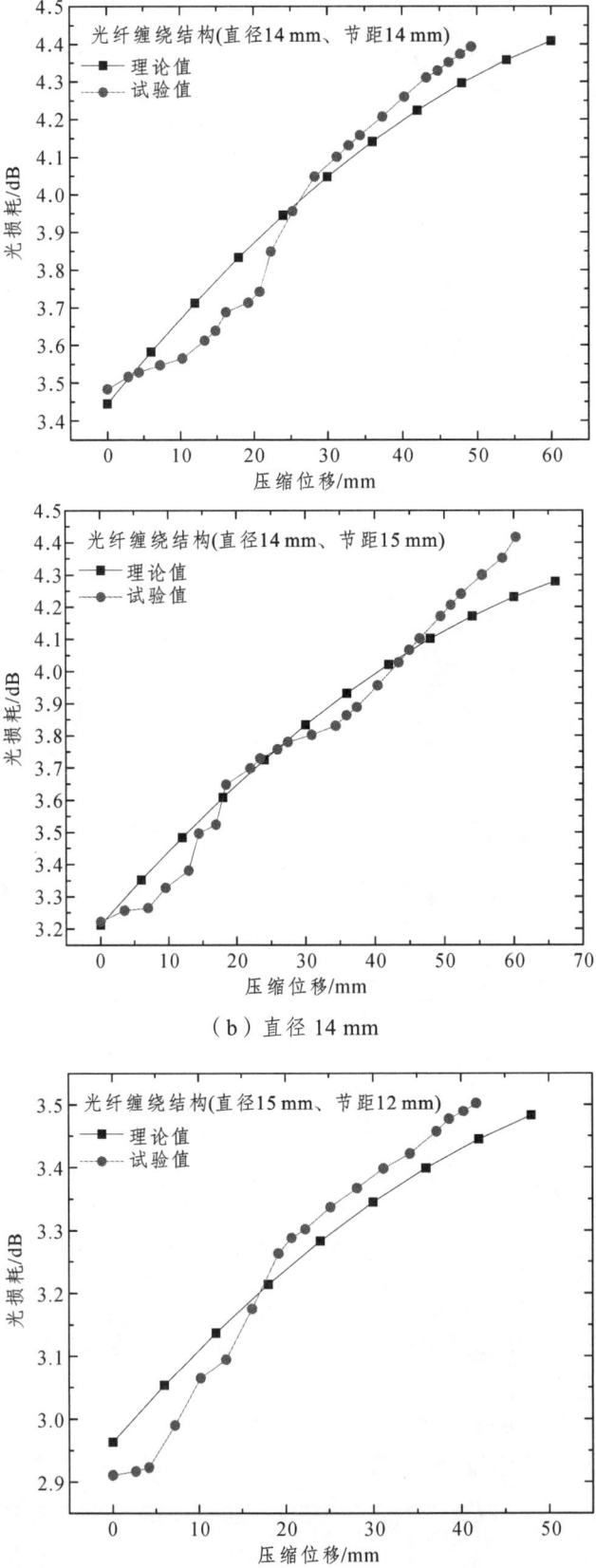

（b）直径 14 mm

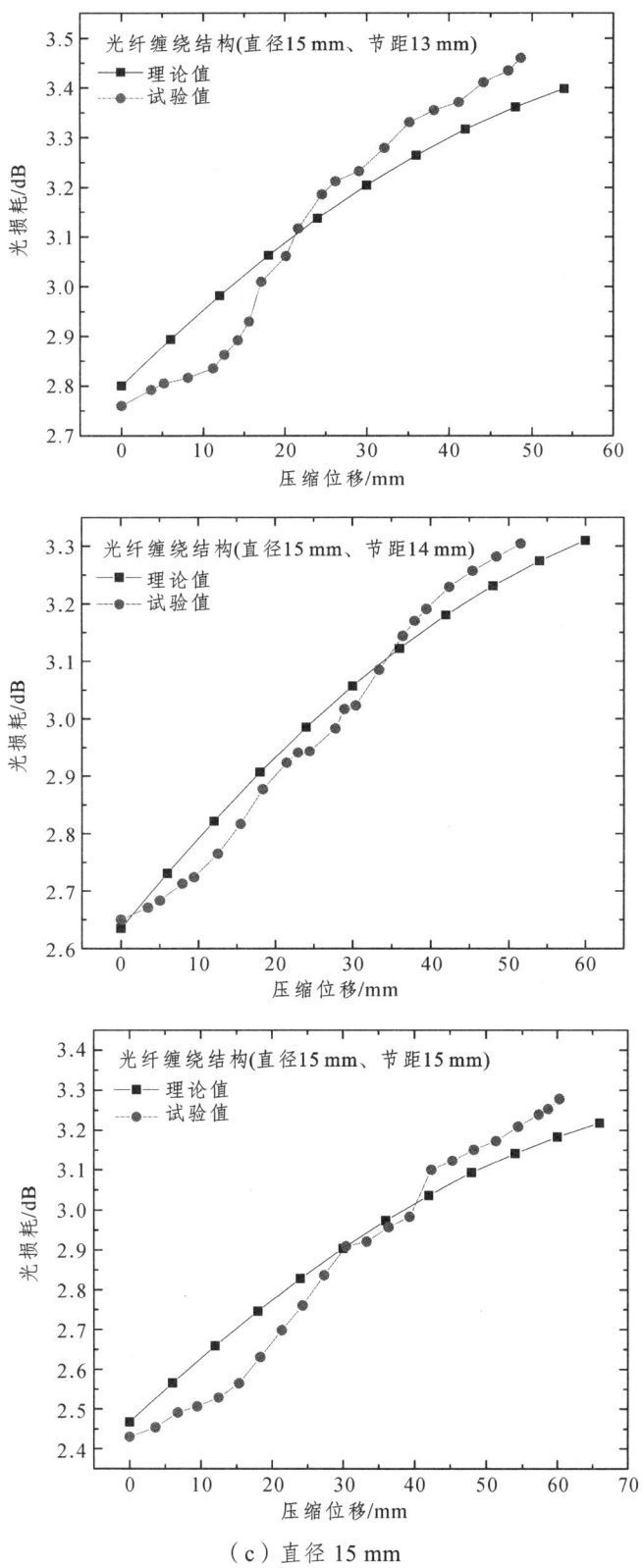

(c) 直径 15 mm

图 4.7 弹簧式光纤缠绕结构的压缩测试结果

从图 4.7 中可知：

（1）当弹簧式光纤缠绕结构的初始直径和节距一定时，随着弹簧压缩位移的增加，光纤的弯曲损耗值不断增加，理论值与实测值在部分压缩点上数值存在偏差，主要是由于弹簧基材及光纤粘贴技术等因素影响，但整体上变化趋势较为一致，说明计算光纤弯曲损耗的理论公式［式（4.7）和式（4.10）］是可靠的。

（2）光纤初始光损耗值与初始节距之间具有单调的相关关系，光损耗值随节距的减小而增大，理论上计算值与实测值具有很好的一致性。弹簧的初始直径为 15 mm，节距分别为 13 mm、14 mm、15 mm 时对应的 2 圈缠绕光纤的初始损耗值，理论值与实测值基本相同，整体均在 2.4~3.0 dB 之间；而对于初始直径为 14 mm，节距分别为 13 mm、14 mm、15 mm 时以及初始直径为 13 mm，节距分别为 13 mm、14 mm、15 mm 时这两种测试情况，2 圈缠绕光纤的初始损耗值对应的理论值与实测值也基本一致，分别在 3.2~4.0 dB 和 4.1~5.2 dB 之间。

（3）弹簧的初始节距越大时，弹簧被压缩并紧时的变形量越大，对应所能调制检测的位移范围越大。光纤缠绕结构产生的损耗值与压缩位移之间具有单调的相关关系，理论上具有近似的线性关系，但是实测上关系曲线在压缩初期时光损耗增长较慢，在压缩中期时光损耗持续增长但基本上小于理论值，在压缩后期中光损耗出现快速增加且有接近或超过理论值的趋势。分析原因可能：一是基体弹簧为尼龙碳纤维材料，弹性刚度有限，压缩过程中会产生部分塑性变形；二是弹簧整体长度为 6 圈，而缠绕光纤为 2 圈且位于弹簧中部位置处，在压缩初期时由于塑性弹簧刚度不大，此时变形基本反映在弹簧上下两端的弹簧圈上，传递到中间部位的较少，导致压缩初期时光损耗增长缓慢，而在压缩中期时变形基本已传递到弹簧中部而引起光损耗持续增加，最后在压缩后期时由于弹簧中部前期变形小留有的变形余地大，而上下端弹簧圈变形大留有的变形余地小，此时光损耗增加趋势较快。

综上所述，这种弹簧式光纤缠绕结构，通过解调位移与光损耗值之间的关系可以用来检测位移信号。但弹簧基体材料及粘贴技术等因素会影响到测试效果，导致实测结果与理论值存在些许偏差，建议后续应该进一步研究其他基体弹簧力学性质和传感特性，最终确定用于传感器结构设计的基体材料和尺寸。

试验二：利用图 4.6 中使用的弹簧测试机对弹簧钢材质的弹簧元件进行压缩与放松循环测试，测试过程和图 4.6 基本相同。为了保证弹簧在测试过程中不发生失稳，在弹簧的内部插入一根比内径略小的圆柱形导杆，对弹簧的侧向弯曲进行限制。在测试前已对弹簧钢材料制作的弹簧元件进行了预试验，发现当弹簧被压缩到它的全部长度一半以内时，施加压力与压缩位移之间具有较好的线性关系，故试验的加载极限均在弹簧初始长度的一半左右，测试机对弹簧进行逐级加载与卸载，每测试一步后稳定 1 min，记录下测试机上显示的压力和位移，每种工况下加载和卸载循环 3 次，取循环加、卸载结果平均值。全部详细数据见表 4.1。由于测试的"位移-力"结果类似且均呈现显著线性关系，故在此取线径为 1.6 mm、直径为 15 mm 的弹簧测试结果为例分析（图 4.8）。

由图 4.8 和表 4.1 可知：当弹簧压缩变形或放松变形量在全长度的一半以内时，弹簧上施加压力与变形之间均呈现显著的线性关系，线性拟合的回归判定系数均大于 0.973。在同一线径下，当弹簧初始直径一致时，不同初始节距所对应的弹簧弹性系数基本不变，说明本节

表 4.1　弹簧钢材质的弹簧弹性系数测试数据

线径/mm	直径/mm	节距/mm	变形量/mm			弹性系数/(N/mm)			相关系数 R^2		
1.2/1.4/1.6	15	15	45.88	45.83	46.74	0.868	1.431	2.171	0.994	0.984	0.995
		14	42.98	43.07	42.6	0.868	1.443	2.193	0.995	0.987	0.991
		13	39.59	40.26	40.46	0.862	1.471	2.227	0.998	0.994	0.982
		12	36.56	36.41	37.25	0.874	1.478	2.205	0.993	0.985	0.976
	14	15	46.56	45.47	46.30	0.949	1.666	2.487	0.996	0.992	0.980
		14	42.8	43.63	43.48	0.950	1.648	2.442	0.988	0.985	0.975
		13	40.92	39.65	41.02	0.951	1.651	2.483	0.993	0.990	0.974
		12	36.46	36.93	36.88	0.950	1.660	2.420	0.994	1.000	0.973
	13	15	45.35	45.19	46.06	1.208	1.994	2.989	0.983	0.981	0.991
		14	42.54	42.76	41.7	1.203	2.020	2.981	0.989	0.982	0.980
		13	39.47	39.74	40.34	1.199	2.041	3.054	0.979	0.983	0.991
		12	31.74	37.16	36.51	1.209	2.011	2.999	0.989	0.987	0.997

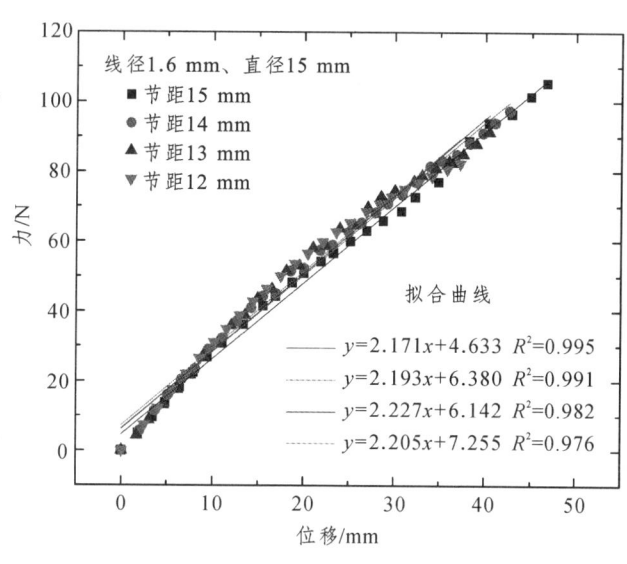

图 4.8　弹簧钢材质的弹簧弹性系数测定结果

中加工制作的这批弹簧钢材质的弹簧元件在初始直径一致时，不同初始节距对弹簧弹性系数没有影响；在同一线径下，当弹簧初始直径越小时，所对应的弹簧弹性系数越大；当弹簧线径越大时，同一几何尺寸下的弹簧弹性系数越大。线径为 1.2 mm 时，弹簧初始直径为 15 mm、14 mm、13 mm 所对应的弹性系数分别为 0.868 N/mm、0.949 N/mm、1.204 N/mm；

线径为 1.4 mm 时,弹簧初始直径为 15 mm、14 mm、13 mm 所对应的弹性系数分别为 1.444 N/mm、1.670 N/mm、2.022 N/mm;线径为 1.6 mm 时,弹簧初始直径为 15 mm、14 mm、13 mm 所对应的弹性系数分别为 2.188 N/mm、2.479 N/mm、3.008 N/mm。结合上述损耗分析以及刚度测试,考虑到传感器需要具有较大的测量范围、合适的光纤初始损耗值(2.4~3.0 dB)、较大的承压工作能力,故弹簧式光纤缠绕结构的尺寸暂定初始直径为 15 mm、初始节距为 15 mm、线径为 1.6 mm、弹簧长度为等节距圈 6 圈。

上述分析了不同几何尺寸尼龙碳纤维材质的弹簧式光纤缠绕结构损耗传感特性,发现光纤缠绕结构产生的光损耗值与压缩位移之间只是具有单调的相关关系,线性度不够显著。结合刚度测试和综合考虑,选取初始直径为 15 mm、初始节距为 15 mm、线径为 1.6 mm、弹簧钢材质的 6 圈等节距圈弹簧式光纤缠绕结构作进一步研究。测试过程和图 4.6 类似,在此不做详细描述。测试结果如图 4.9 所示。

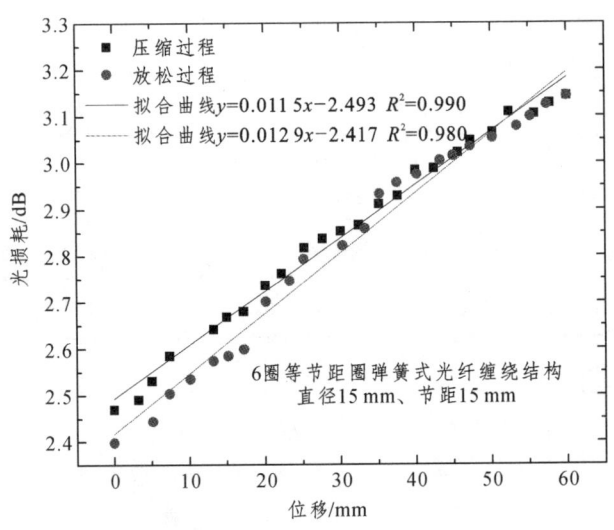

图 4.9 6 圈等节距圈弹簧式光纤缠绕结构的位移与损耗关系曲线

由图 4.9 可知:对光纤缠绕结构的"位移-光损耗"数据进行线性拟合,拟合优度超过 0.980,说明结构来回加载、卸载过程中数据线性度较好,"位移-光损耗"关系呈现出单调的正相关性。从拟合的一元函数方程上可以看出:压缩变形和卸载变形过程中一次项分别为 0.011 5 和 0.012 9,代表该传感元件灵敏度为 0.011 5 dB/mm 和 0.012 9 dB/mm;常数项分别为 2.493 和 2.417,说明光纤缠绕结构在无应力作用时初始光损耗为 2.493 dB 和 2.417 dB。这基本和理论结果一致,说明弹簧钢材质的 6 圈等节距圈弹簧式光纤缠绕结构可以实现线性位移检测这一目标,测量位移可达到 60 mm。但传感结构的灵敏度较小,且卸载过程中"位移-光损耗"关系曲线与压缩过程未完全重合,存在一定迟滞性,最大迟滞性误差在初始状态时大小为 0.076 dB,和上述刚度分析结果基本一致,可能是由于弹簧圈数较多,整体变形没有完全分布到各等节距圈上。

鉴于上述考虑,作者对设计的弹簧钢材质的 6 圈等节距圈弹簧式光纤缠绕结构作进一步优化,将等节距圈数减少为 3 圈,中部缠绕 2 圈光纤,如图 4.10 所示。对优化后的结构进行刚度测试和光损耗特性分析。经过一次压缩-放松循环后,对测量数据进行处理,获得了光纤弹簧的"位移-力"和"位移-光损耗"关系曲线,结果如图 4.11 和图 4.12 所示。

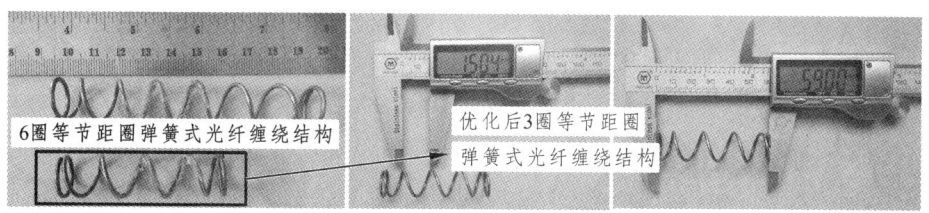

图 4.10　优化后的 3 圈等节距圈弹簧式光纤缠绕结构

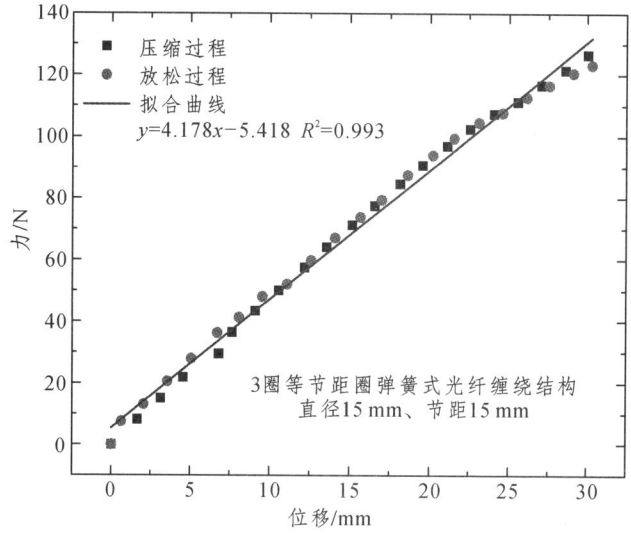

图 4.11　3 圈等节距圈弹簧式光纤缠绕结构的位移与力关系曲线

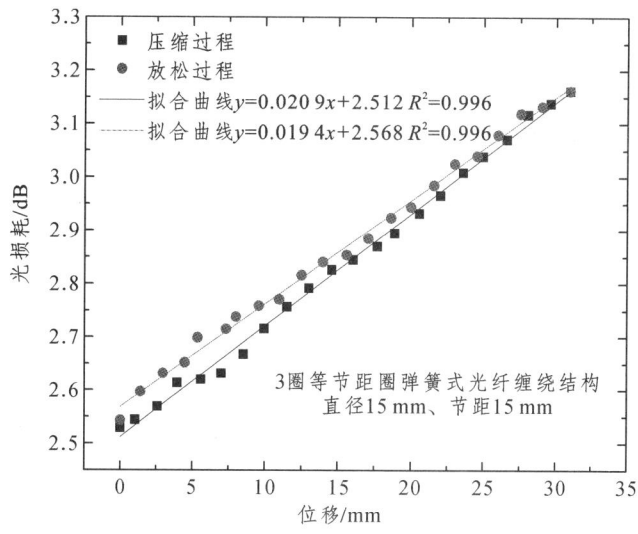

图 4.12　3 圈等节距圈弹簧式光纤缠绕结构的位移与损耗关系曲线

标准弹簧的弹性系数表示为：$k = Gd^4 / 8nD^3$

式中：G 为剪切弹性模量；d 为线径；n 为有效圈数；D 为直径。

尽管本节中所设计的弹簧并非标准弹簧，但仍参照这个计算公式进行分析。当弹簧的尺寸和材质相同时，减少一半有效圈数，则弹簧的弹性系数是原来的两倍。从图4.11中可以看出，3圈等节距圈弹簧式光纤缠绕结构在压缩-放松循环测试中，"位移-力"的关系曲线基本重合，迟滞性较小，且呈现显著的线性关系，拟合的一次函数的一次项为4.178，代表传感元件的弹性系数为4.178 N/mm，基本上是图4.8中相同尺寸的6圈等节距圈弹簧弹性系数2.188 N/mm的两倍。

由图4.12可知：对3圈等节距圈弹簧式光纤缠绕结构的"位移-光损耗"数据进行线性拟合，回归判定系数为0.996，说明光纤缠绕结构在压缩过程和放松过程中数据线性度很好，"位移-光损耗"关系可以使用一元函数进行表征。从拟合方程上可以看出，压缩变形和卸载变形过程中一次项分别为0.020 9和0.019 4，代表该传感元件灵敏度为0.020 9 dB/mm和0.019 4 dB/mm；常数项分别为2.512和2.568，说明光纤弹簧在无应力作用时初始光损耗为2.512 dB和2.568 dB，在压缩和放松过程中曲线没有完全重合，最大迟滞性误差为0.056 dB。综上所述，3圈等节距圈弹簧式光纤缠绕结构的弹性系数较大且迟滞性较小，"位移-光损耗"也具有显著线性关系，可用于线性检测位移，线性度较好，但线性的测量位移只在30 mm，存在一定局限性。

4.3 弹簧式光纤位移监测技术

4.3.1 传感器核心结构及封装

为保证传感器能够在地面中随着地面沉降而发生位移变化，同时保护内部的传感元件不受地下土体的影响破坏，需要对传感器的结构进行设计和封装。传感器的主要组成部分为压缩筒、外部套筒和内部核心传感元件。内部核心传感器元件是弹簧钢材质的3圈等节距圈弹簧式光纤缠绕结构，具有较高线性度、较低迟滞性和一定灵敏度，但测量位移有局限。因此，考虑在3圈等节距圈的非标准弹簧上，额外串联多个标准尺寸的小线径、低弹性系数的弹簧进行量程扩大。

假定3圈等节距圈非标准弹簧的弹性系数为k_0，有效传感范围为l_0，灵敏度为$Q_真$；多个标准尺寸弹簧的弹簧系数为k_1、$k_2 \cdots$，有效变形为l_1、$l_2 \cdots$；传感器的整体弹性系数为k，灵敏度为$Q_整$，测量范围为l。

传感器在受力时，3圈等节距圈非标准弹簧和多个标准尺寸弹簧之间存在的关系可表示为：

$$k_0 l_0 = k_1 l_1 = k_2 l_2 = \cdots \tag{4.14}$$

传感器的整体弹性系数k可表示为：

$$\frac{1}{k} = \frac{1}{k_0} + \frac{1}{k_1} + \frac{1}{k_2} + \cdots \tag{4.15}$$

传感器的整体扩大测量范围l可表示为：

$$l = l_0 + l_1 + l_2 + \cdots \tag{4.16}$$

传感器的整体灵敏度 $Q_{整}$ 可表示为：

$$Q_{整} = \frac{Q_{真}l_0}{l} = \frac{Q_{真}l_0}{l_0 + l_1 + l_2 + \cdots} \tag{4.17}$$

本节中仅串联 1 个标准尺寸弹簧，传感弹簧直径为 15 mm，线径为 1.6 mm，长度为 100 mm，弹性系数为 1.420 N/mm，实际中可根据需要串联多个。传感器结构示意及封装如图 4.13 所示。

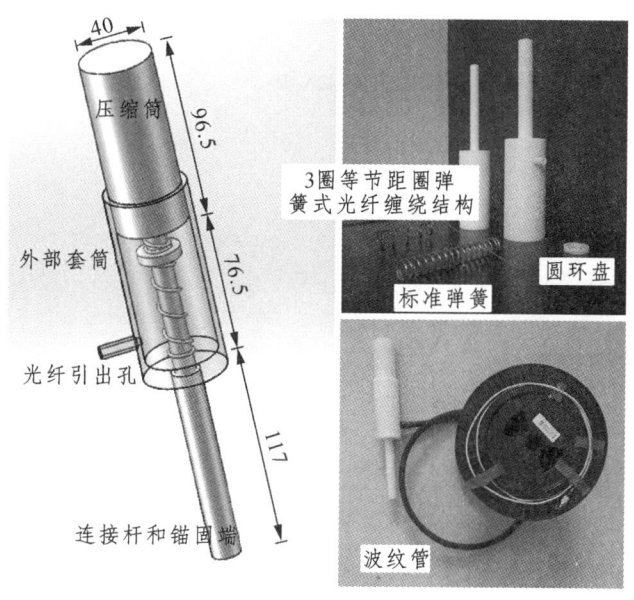

图 4.13　弹簧式光纤位移传感器结构及封装（单位：mm）

（1）传感器压缩筒上连接着限制弹簧位移方向的立柱，使弹簧在压缩变形中不发生偏心，长度略大于 2 个串联的弹簧长度。立柱下部插入外部套筒的连接杆通道内，立柱在位移全过程中均有一部分插入连接杆通道内。

（2）压缩筒上部为实心承压圆盘，圆盘与立柱在制作时已固定在一起，可以对套嵌在立柱上的串联弹簧起到压缩和支撑作用。压缩筒外径略小于外部套筒的内径，刚好可以卡在外部套筒内进行顺畅运动。

（3）传感器外部套筒主要起保护作用，防止泥土、地下水等侵蚀到结构内部。套筒下部连接杆和锚固端，直接与地面沉降区域的基岩层固定；也可以设计成螺纹形式，可串联多个使用，方便下部锚固端的加长，以满足不同的地层厚度要求。

（4）在外部套筒的连接杆上部开有一小孔，作用是引出内部核心传感元件的传感光纤，保护在波纹管中，穿出后连接到采集仪器上。

（5）3 圈等节距圈弹簧式光纤缠绕结构和标准弹簧通过中间的圆环盘串联在一起作为内部核心传感元件，被套穿在弹簧立柱上，标准弹簧在立柱上部顶着压缩筒的承压圆盘。根据实际需要，可适当增加串联的标准弹簧数量来扩大量程。

4.3.2 标定测试及数据分析

传感器在使用前需要进行标定，以确定相关性能参数和指标。对设计封装好的传感器进行标定试验，利用位移调节平台对传感器进行压缩和卸载循环测试（图 4.14）。将封装好的弹簧式光纤传感器放在测试机上，将传感器的上部和外壳的底部卡在滑动平台的支座中间，并通过旋转手轮在传感器上施加一个预应力，将传感器与光时域反射计连接，并在光时域反射计上设定好相应的参数，记录下传感器的初始长度和光时域反射计的初始读数。通过转动手轮逐级对传感器进行位移加载和卸载，每个测试加卸载步位移量为 10 mm，并且在测试稳定后，记录下光时域反射计的光损耗和传感器的长度，试验进行了 3 个来回的加、卸载循环，测试结果如图 4.15 所示。

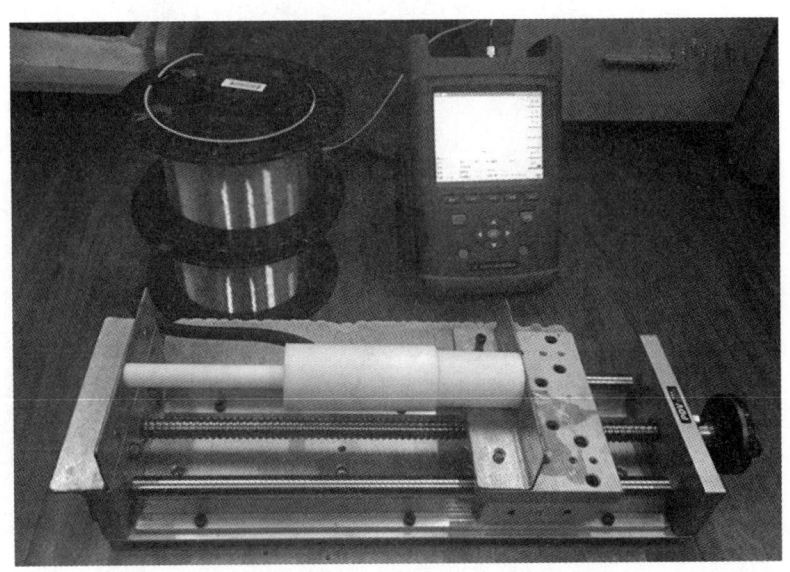

图 4.14 弹簧式光纤位移传感器标定测试

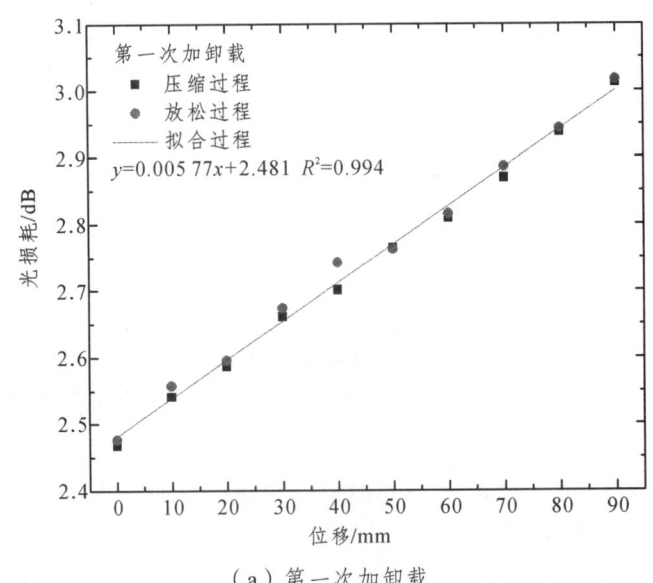

（a）第一次加卸载

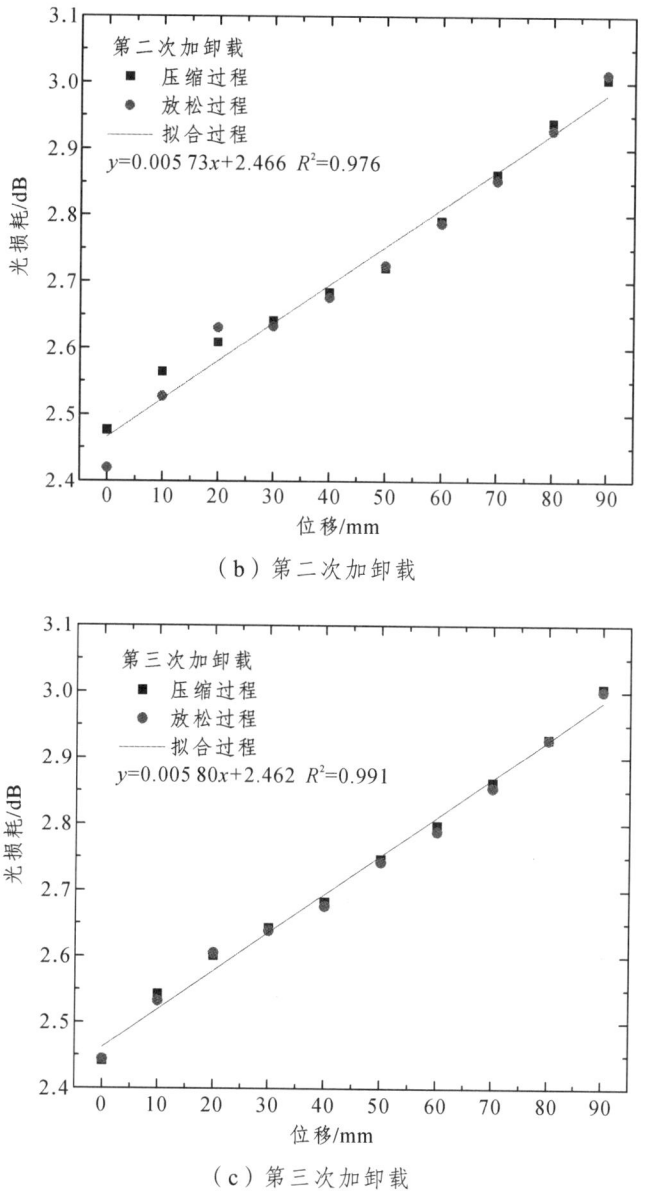

(b)第二次加卸载

(c)第三次加卸载

图 4.15　弹簧式光纤位移传感器标定结果

由图 4.15 可知：在传感器的 3 次循环加、卸载标定试验中，光损耗输出值与测量位移之间具有较好的线性关系，回归判定系数为 0.976，线性度较高。3 次循环加、卸载过程中的"光损耗 - 位移"关系式分别表示为：$y = 0.005\,77x + 2.481$、$y = 0.005\,73x + 2.466$ 和 $y = 0.005\,80x + 2.462$，说明 3 次测试中传感器的整体灵敏度为 0.005 77 dB/mm、0.005 73 dB/mm 和 0.005 80 dB/mm，以及无应力作用时初始光损耗为 2.481 dB、2.466 dB 和 2.462 dB。取 3 次循环加、卸载标定测试平均结果，则传感器的整体灵敏度为 0.005 77 dB/mm。传感器是由 1 个 3 圈等节距圈的光纤弹簧（弹性系数为 4.178 N/mm）和 1 个标准尺寸弹簧（弹性系数为 1.420 N/mm）串联组成，传感器量程通过串联扩大后可达到 90 mm（在理论上，可以串联多个来进一步扩大量程），通过公式（4.17），可得到传感器真实传感元件的灵敏度为 0.022 7 dB/mm，与图 4.12 中 3 圈等节距圈弹簧式光纤缠绕结构测试的灵敏度（0.020 9 dB/mm 和 0.019 4 dB/mm）有一点区别，可能原因是传感器被制作封装后与单独测试 3 圈光纤缠绕结构是不同的，这也在设计和测试的合理范围内。因此，传感器在使用前均应该进行标定试验来确定传感性能参数。

传感器的最小位移分辨率 δ 与解调设备的分辨率和传感器灵敏度有关，可表示为：

$$\delta = \frac{\Delta \alpha}{Q} \tag{4.18}$$

式中：$\Delta \alpha$ 是信号解调设备能够检测的最小光纤损耗；Q 为传感器的灵敏度。

迟滞性误差可表示为正反行程中同一测点上的两个输出量的最大偏移值与满量程之间的比值的一半：

$$\eta_H = \pm(1/2)(\Delta \lambda_H / \lambda_{FS}) \times 100\% \tag{4.19}$$

式中：η_H 为迟滞性误差；$\Delta \lambda_H$ 为同一测点上进程与回程输出量之差绝对值的最大值；λ_{FS} 为测量的满量程。

重复性误差表示为正反行程中各个测点上的标准差最大值和满量程的比值：

$$\xi_k = \pm \frac{\sigma}{\lambda_{FS}}$$

$$\sigma = \sqrt{\frac{\sum_{i}^{n}(\lambda_i - \overline{\lambda})^2}{n-1}} \tag{4.20}$$

式中：ξ_k 为重复性误差；σ 为标准差；n 是测点数；λ_i 是第 i 个测点值；$\overline{\lambda}$ 是所有测点值的平均值。

根据式（4.18）、式（4.19）和式（4.20）可以求出弹簧式光纤位移传感器的最小分辨位移为 0.173 mm，最大迟滞性误差为 2.81%，最大可重复性误差为 8.42%。

4.3.3 准分布式测量系统研究

本章介绍的是基于光时域反射技术的沉降变形光纤监测技术。试验中采用的是 AV6418 高性能多功能光时域反射计，可选用的光源波长为 1 310 nm 和 1 550 nm，对应的动态范围为 42 dB 和 40 dB。作者设计的单个弹簧式光纤位移传感器的光纤链路损耗为 2.4~3.2 dB，故在仪器允许测量的范围内，理论上一个光纤链路上可串联多达 12 支。由于解调技术成本低廉、操作简单、数据采集实时，通过简化监测系统和降低监测系统总成本总可以达到目的，因此可根据工程需要布设任意多条光纤监测链路。

基于光时域反射技术的准分布式复用原理，以及试验所用光时域反射仪的动态范围等性能参数，设计了包含 2 个节点的准分布式弹簧缠绕式光纤位移传感器。制作两个传感器并进行准分布式连接，传感器编号分别为 1 和 2。制作完成后的准分布式变形监测网络如图 4.16 所示。

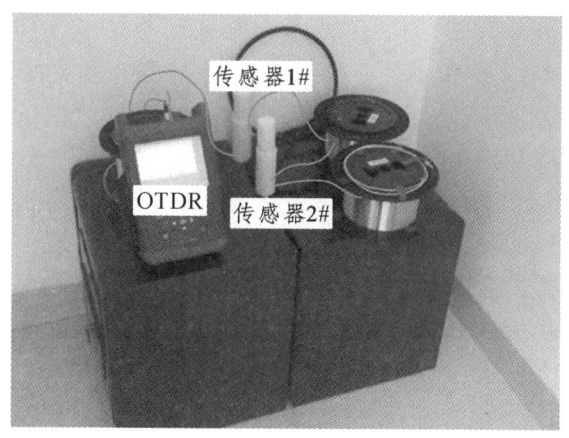

图 4.16　制作后的准分布式传感器网络

从图 4.17 所示曲线中可以看出，2 个传感器在光时域反射计上产生先后 2 个损耗衰减"台阶"，代表 2 个相互独立的损耗事件，这说明通过一台 OTDR 仪一次性就可以测量出光纤链路上 2 个不同传感节点处的损耗数据，然后计算出这 2 个损耗事件的损耗值，就可根据传感器的标定关系解调出对应的位移数据。曲线①代表 2 个传感器在未被压缩受力时的光纤链路初始损耗状态；曲线②代表 2 个传感器被施加压缩位移引起光纤缠绕结构产生变形后光纤链路中的损耗状态，从图中可以明显看到此时在 2 个传感器的各自位置（初始损耗状态节点）处均产生了一个损耗跌落，但在没有连接传感器的线路位置处则没有损耗"台阶"衰减，这说明 2 个传感器串联并行可实现准分布式连接复用，测试时彼此信号互不干扰，相互独立。

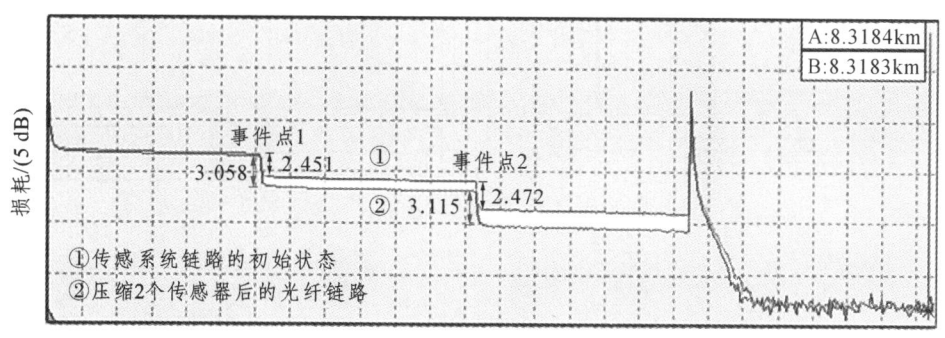

图 4.17　准分布传感网络试验测试曲线叠加图

4.3.4　土体排水沉降监测模型试验

为进一步验证研发的弹簧式光纤位移传感器在土体沉降变形监测中的可行性，在室内设计了土体排水引起土体沉降和塌陷过程的模型试验，通过埋设传感器来监测变形。试验中使用的主要材料和设备包括：内部尺寸长×宽×高=700 mm×600 mm×600 mm 的模型箱；外部尺寸长×宽×高=400 mm×200 mm×200 mm 的两个定制水囊；细沙、砖块和土体。如图 4.18 所示，模型砌筑及试验过程如下：

（1）在模型箱底部铺垫上两层砖块作为基岩层，厚度约为 120 mm，在基岩层中部预先用直径为 50 mm 的 PVC 管留有一个高为 120 mm、直径为 50 mm 的圆孔，用于传感器布设和固定。

（2）模型基岩层和预留孔布设后，开始在可变形层中按照图4.18（a）所示设计要求放置2个充满水的水囊（水囊可承受质量在200 kg以内）和封装制作好的传感器，水囊的排水通道需要从模型箱的排水孔中引出，在模型箱外连接水龙头阀门，光纤传感器波纹管保护的接线被小心地从沙土层中引出，然后在其余空隙处都填充上细沙，可变形层的厚度约为200 mm。

（3）在可变形沙土层上铺设一块木板，以尽量保证水囊排水过程中和传感器同时沉降，然后在木板上放置两层砖块增重（也可视为地基层），最后在砖块上填筑约50 mm厚的土体。木板的中间位置上钉有一根竖直木杆（可视作沉降标），和模型箱口对比来观察土体沉降。

（4）模型填充完成后，连接好光纤传感器接线与光时域反射计并调试相关参数。拧开水龙头，对2个水囊进行逐次同步放水，引起土体塌陷沉降，每次放水完成后稳定10 min，观察试验沉降现象，对比木板上竖直木杆上标记与模型箱口的沉降距离，用游标卡尺测量出沉降位移，同时记录下光时域反射计中的数据。排水过程中没有特别固定的水流控制，主要根据沉降观察结果来控制排水时间，多次重复排水直至水囊中没有水排出时停止试验。

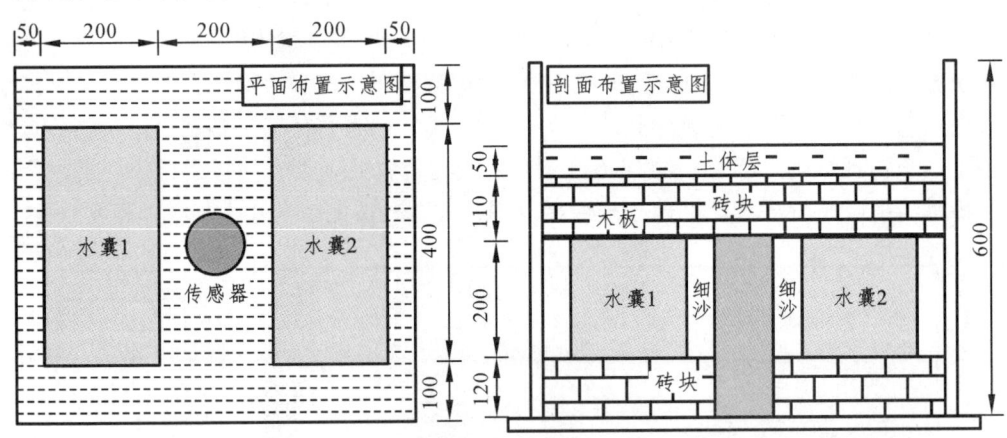

（a）光纤传感器和水囊布设示意

（b）模型填筑过程

图4.18　光纤传感器和水囊布设及模型填筑

在排水过程中，观察到承压木板上的竖向木杆作为沉降标存在明显的沉降变形，且在沉降过程中木杆基本是垂直下沉，没有发生偏心，可能是 2 个水囊排水比较同步，承压木板和增重砖块发生倾斜沉降可能性较小，同时在箱体四周也观测到土体下降产生的擦痕，光时域反射计中出现明显的光损耗"台阶"跌落。测试前封装好的传感器已经进行了标定，具有较好的线性度，损耗与位移的线性标定关系式为：$y = 0.005\,77x + 2.470$，拟合相关系数为 0.985。将光时域反射计中的损耗数据导出，根据传感器标定关系式可以计算出传感器变形量与排水量之间的关系，和游标卡尺测量的土体沉降进行对比，结果如图 4.19 所示。

从图中可知，试验中土体沉降量和排水过程存在单调的相关关系，但没有特别明确的规律，可能和排水过程中没有固定的水流控制有关；排水全部完成后最终沉降量为 37.22 mm，与理论上水囊中全部排完水后的下沉量不同，理论上除去 2 个水囊和传感器的体积量后，可变形层中流动的细沙铺满模型箱的厚度应该是 123 mm。在试验结束后，撤去可变形沙层上的木板、砖块和土体，可变形层中并不是像预期结果那样在沉降变形后整体处于平面状，而是观察到 2 个水囊位置处中间部分塌陷下沉，有部分沙子流入填充层，但是传感器与箱体及水囊之间的沙体没有完全流动到水囊凹陷处；水囊瘪陷后的形状也不是平面状，而是收缩的旋涡漏斗状；当然由于工艺原因水囊排水孔与水囊底面有一定距离，试验最后虽然没有水排出，但是水囊中仍残留部分体积水未排出，这些现象可能是最终沉降量为 37.22 mm 的原因。传感器测量结果和排水引起的土体沉降变形曲线基本重合，说明承压板的沉降变形全部传递到传感器上，证明了该传感器用于土体沉降变形监测的可行性和准确性。

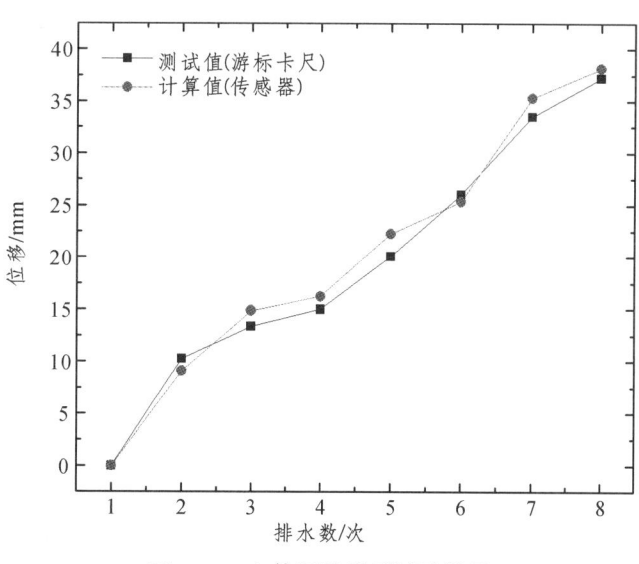

图 4.19　土体沉降模型试验结果

4.4　本章小结

本章介绍了自行研发的用于土体竖向变形的弹簧式光纤位移监测技术。具体研究成果为：

（1）研发了基于圆柱形螺旋弹簧的光纤缠绕调制结构，分析了光纤缠绕结构的光损耗机理，通过理论计算和试验测试研究了光纤缠绕结构的几何结构设计、损耗传感特性和力学性能等问题，表明这种类型的光纤缠绕结构可以用来对光纤损耗进行调制，测量位移与产生的光损耗值之间具有显著的线性相关关系；光纤缠绕结构的测量范围和精度与初始光损耗及结构受力后光损耗变化大小有关。

（2）研发了土体竖向变形弹簧式光纤监测技术的封装结构，标定测试表明传感器可以测量的较大位移为 90 mm，最小分辨位移 0.173 mm，最大迟滞性误差为 2.81%，最大可重复性误差为 8.42%；开发了 2 节点准分布式位移监测系统，试验结果表明该系统可以进行准分布式位移测量。

（3）开展了弹簧式光纤位移传感器的沉降变形监测模型试验，通过光纤传感器对土体沉降进行监测。结果表明，封装保护好的弹簧式光纤位移传感器可以有效地记录下土体排水沉降的全过程，基本达到了设计目的，证明了设计的光纤位移传感器的土体变形监测可靠性。

5

边坡深部变形光纤监测技术研究

5.1 引 言

边坡失稳破坏时，不仅会在坡体表面发生变形，更会沿内部剪切带或滑动面处产生变形。边坡内部变形是反映滑坡体是否失稳的最准确证据，可用于边坡稳定性分析和评价，因此，对危险滑坡体内部变形进行实时监测是十分必要的[164]。上两章中研发了针对边坡表面拉裂、竖向变形的光纤监测技术，但却不能够同时用于深部变形的监测，故本章进一步研发边坡深部变形光纤监测技术。光时域反射技术作为目前使用最早、最广泛的分布式光纤传感技术，具有解调设备价格便宜、传感器结构简单、易于安装铺设、量程大、灵敏度高、可远距离数据传输等特点，特别适合用于地区偏远、危险易滑、工作人员难以操作测量的边坡监测中。而光纤光栅是目前使用较为常见的准分布式传感技术，具有全兼容于光纤、波长对温度和应变的变化较为敏感、制作工艺成熟、粘贴或埋设容易等优点，与其他基体材料结合可用于边坡深部测斜。

边坡失稳时，不稳定区滑体会沿剪切带或滑动面发生剪切破坏，故识别出边坡内部滑体的滑动面处运动情况至关重要。本章首先基于光时域反射技术，研发了一系列可用于滑体剪切破坏识别的光纤环位移监测技术，分析了光纤环的基本结构形式与损耗机理，从理论和试验上确定了光纤环的损耗信号与变形的具体关系，并展开试验详细研究在不同滑动剪切破坏状态下的光纤监测性能，最后对传感器的工作机理与适用特点进行了分析研究。

而对于土质边坡，不可以简单地将滑体像岩质边坡那般类似为刚体，土体内部全断面的变形监测可能更为重要。光纤光栅作为目前最常见且使用最广泛的光纤传感技术，与传统测斜管相结合应用到边坡深部测斜中是十分普遍的监测方法[129-136]。但作为一种新的边坡位移监测技术，是否可实现分布式量测和高精度传感是需要考虑的关键问题。传统的强反射光纤光栅属于点式或准分布式测量，测量时需要布设较多测点，成本较高；大规模传感阵列的弱反射光纤光栅由于具有较低的反射率，可以实现几千个光栅传感阵列的准分布式密集监测，且复用的光栅数量越多，价格更便宜[148,149]。此外，将光纤光栅中测量的应变分布准确地转换为目标位移，提高算法精度是尚需解决的问题。因此，本章利用弱反射光纤光栅为传感媒介，以 PPR 管为载体制成光纤光栅应变管进行边坡内部分布式变形监测。本章进一步介绍了光纤光栅温度自补偿设计方法和应变传递率影响因素。提出了共轭梁法和复化辛普森法两种将应变转化为位移的计算方法，并通过数值模拟和室内试验进行对比研究。

5.2 滑体剪切破坏识别光纤监测技术

5.2.1 光纤环弯曲调制机制及损耗计算

1. 光纤环弯曲损耗机制

由上文所述可知,光纤可以被弯曲成某种结构形状的调制机制用于变形检测,但只有当光纤曲率半径小于一定值时才会形成弯曲损耗。因此,未经处理的光纤灵敏度不足以检测弯曲时待测结构的变形。为了增加光纤对弯曲的敏感度,类似于 Sienkiwicz 等[112, 113]提出的 8 字形非周期性弯曲调制机制(图 2.7),本章设计了一种会导致大量弯曲损耗的光纤环调制机制(称为"敏感区"),如图 5.1 所示。

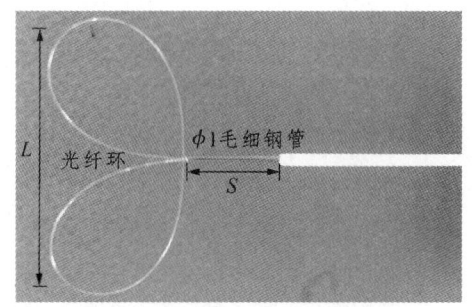

图 5.1 光纤环弯曲调制机制

光纤环弯曲调制机制主要传感部分是将一根裸单模光纤两端对折后穿过外径为 1 mm、内径为 0.7 mm 的 $\phi 1$ 毛细钢管中,并用环氧树脂将该段光纤封装住,同时留在外端的监测部分形成一定弯曲度的蝴蝶形状光纤环,传感单元的尺寸为 L,测量长度为 S。笔者设计的光纤环弯曲损耗机制不需要额外的机构来造成弯曲,利用光纤自身刚度可以自己"展开"或者"拉伸"。光纤环通过毛细钢管连接在待测结构上,可作为一种弯曲损耗型位移传感器。光纤环的初始尺寸将决定传感器的灵敏度和测量长度。毛细钢管上下移动时,光纤环的尺寸将会改变。当黏结点发生相对位移时,结构伸长将导致光纤环收缩,曲率半径减小,信号测量端将测量出光强度的下降;相反地,结构压缩会导致光纤环膨胀,曲率半径变大,信号测量端将测量出光强度的增加。因此,通过捕捉传感器中光信号的变化,然后进行相应的解调,就可以获得所需要的外部物理量。

2. 简化计算方法

如图 5.2 所示,作者为了进一步研究光纤环调制机制的传感特性,从理论上推导出光纤环弯曲损耗与变形的理论模型,以便较好地应用于工程中,首先提出了如下假设:由于光纤环的曲线形状和正弦特性,可以将它简化为一半的四叶玫瑰线;由于光纤处于自由状态,且曲率半径不太小,可以忽略不可避免的光纤扭转拉制产生的微弯损耗[167],而数据处理上利用后期引起的光损耗减去初始损耗,也可以消除光纤中的微弯损耗和初始缺陷影响。光纤环中主要弯曲损耗是由两段弧 a 和 b 产生的,此处是光纤环的最大弯曲半径处。

前人推导光纤弯曲损耗公式时并非直接利用耦合模理论得出,而是作了一些等效与假定,认为某段直光纤因弯曲后具有折射率来计算弯曲光纤的损耗特性。不同学者给出的弯曲损耗公式虽有不同,但基本形式却是相似的。上文给出的单模光纤的弯曲损耗计算公式(2.7)也可以写成如下表达式[168]:

$$\alpha_c = A\exp(-BR) \tag{5.1}$$

式中:A 和 B 是与光纤本身参数(纤芯半径、光纤外半径、纤芯与包层折射率差等)有关的常数量,可以通过参数配置或者标定试验确定。

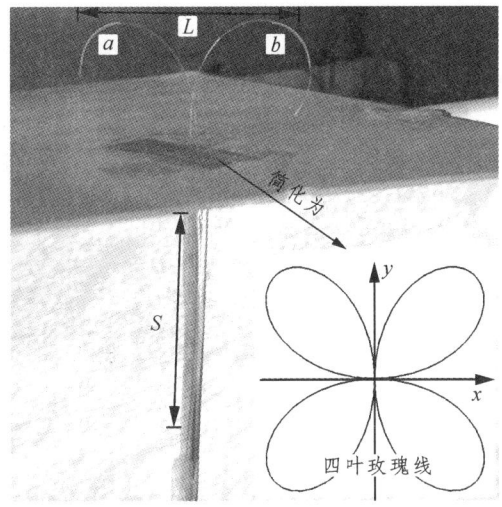

图 5.2 光纤环和简化的四叶玫瑰线

四叶玫瑰线的一般方程为 $\rho=c\sin 2\theta$，在第一、二象限内的方程为 $\rho=c\sin 2\theta$（$0\leqslant\theta\leqslant\pi$）以及它的参数方程为：

$$x=\rho\cos\theta=c\sin 2\theta\cos\theta$$
$$y=\rho\sin\theta=c\sin 2\theta\sin\theta \tag{5.2}$$

式中：c 是包络线内叶子的长度。

四叶玫瑰线的周长 C 为：

$$C=\int_0^\pi \sqrt{x(\theta)'^2+y(\theta)'^2}\,\mathrm{d}\theta \tag{5.3}$$

其中：

$$x(\theta)'=c(2\cos 2\theta\cos\theta-\sin 2\theta\sin\theta)$$
$$y(\theta)'=c(2\cos 2\theta\sin\theta+\sin 2\theta\cos\theta) \tag{5.4}$$

结合式（5.3）和式（5.4），则四叶玫瑰线的周长可计算为：

$$\begin{aligned}
C &= c\int_0^\pi \sqrt{1+3\cos^2 2\theta}\,\mathrm{d}\theta = \frac{c}{2}\int_0^\pi \sqrt{1+3\cos^2 t}\,\mathrm{d}t + \frac{c}{2}\int_0^\pi \sqrt{1+3\cos^2 t}\,\mathrm{d}t \\
&= c\int_0^\pi \sqrt{1+3\cos^2 \theta}\,\mathrm{d}\theta = c\int_{-\frac{\pi}{2}}^{\frac{\pi}{2}} \sqrt{1+3\sin^2 \theta}\,\mathrm{d}\theta = 2c\int_0^{\frac{\pi}{2}} \sqrt{1+3\sin^2 \theta}\,\mathrm{d}\theta \\
&= c\int_0^{\frac{\pi}{2}} \sqrt{1+3\cos^2 \theta}\,\mathrm{d}\theta + c\int_{\frac{\pi}{2}}^\pi \sqrt{1+3\cos^2 \theta}\,\mathrm{d}\theta \\
&= 2c\int_0^{\frac{\pi}{2}} \sqrt{1-\left(\frac{\sqrt{3}}{2}\right)^2 \sin^2 \theta}\,\mathrm{d}\theta + c\int_0^{\frac{\pi}{2}} \sqrt{1+3\sin^2 \theta}\,\mathrm{d}\theta \\
&= 4c\int_0^{\frac{\pi}{2}} \sqrt{1-\left(\frac{\sqrt{3}}{2}\right)^2 \sin^2 \theta}\,\mathrm{d}\theta = 4cE\left(\frac{\sqrt{3}}{2}\right)
\end{aligned} \tag{5.5}$$

式中：$E\left(\dfrac{\sqrt{3}}{2}\right)$ 是第二类椭圆积分值，是一个常数，可通过椭圆积分表查询。

由于玫瑰线关于 $y = \pm x$ 对称，因此，两段弧 a 和 b 所对应的曲率半径为：

$$r = \left| \dfrac{(\rho^2 + \rho'^2)^{\frac{3}{2}}}{\rho^2 + 2\rho'^2 - \rho\rho''} \right|_{\theta = \frac{\pi}{4}} = \dfrac{1}{5}c \tag{5.6}$$

结合式（5.5）和式（5.6），可得出：

$$C = 20E\left(\dfrac{\sqrt{3}}{2}\right)r = \kappa r \quad \left(\kappa = 20E\left(\dfrac{\sqrt{3}}{2}\right)\right) \tag{5.7}$$

将式（5.7）代入式（5.1）中，可得出光纤环（玫瑰线）周长 C 与弯曲损耗 α_c 的关系式为：

$$C = -\dfrac{\kappa}{B}\ln\dfrac{\alpha_c}{A} = -\dfrac{\kappa}{B}\ln\alpha_c + \dfrac{\kappa}{B}\ln A \tag{5.8}$$

在光纤环初始尺寸为 L_0 时，对应的初始周长 C_0 与初始弯曲损耗 α_{c0} 的关系式为：

$$C_0 = -\dfrac{\kappa}{B}\ln\dfrac{\alpha_{c0}}{A} = -\dfrac{\kappa}{B}\ln\alpha_{c0} + \dfrac{\kappa}{B}\ln A \tag{5.9}$$

当光纤环的尺寸减小时，其周长也不断减小，由于光纤是对折贯入毛细钢管中的，因此毛细钢管收缩的位移 S 与弯曲损耗变化量 $\Delta\alpha_c$（$\alpha_c - \alpha_{c0}$）之间关系式为：

$$S = \dfrac{1}{2}(C_0 - C_i) = \dfrac{\kappa}{2B}(\ln\alpha_c - \ln\alpha_{c0}) = \dfrac{\kappa}{2B}\ln\left(\dfrac{\alpha_c - \alpha_{c0} + \alpha_{c0}}{\alpha_0}\right)$$

$$= \dfrac{\kappa}{2B}[\ln(\alpha_c - \alpha_{c0} + \alpha_{c0}) - \ln\alpha_{c0}] = \dfrac{\kappa}{2B}\ln(\Delta\alpha_c + \alpha_{c0}) - \dfrac{\kappa}{2B}\ln\alpha_{c0} \tag{5.10}$$

令 $\dfrac{\kappa}{2B} = m_1$ 及 $\alpha_{c0} = m_2$ 为待定常数，则位移 S 与弯曲损耗变化量 $\Delta\alpha_c$ 之间的关系可表示为：

$$S = m_1\ln(\Delta\alpha_c + m_2) - m_1\ln m_2 \tag{5.11}$$

通过数学关系的推导，可知光纤环弯曲调制机制的位移-损耗关系是非线性的，是一个对数关系。此外，由于制作中可能存在一些其他误差，比如原始缺陷、设计不够精准等；因此，简单的参数配置是不能够对传感器进行较好标定的，需要通过试验来确定光纤环调制机制的损耗与位移的具体关系。

3. 标定试验

上文分析了光纤环调制机制的损耗敏感特性，得出了位移与光损耗之间具有单调的非线性关系，下面进一步开展标定试验来确定光纤环结构的具体调制关系。试验中所用光纤为型号为 G652B 的单模光纤，弯曲损耗测试仪为 AV6418 型高性能多功能 OTDR 信号激发和采集仪，光纤连接采用 AV6471 型光纤熔接机。测试系统如图 5.3 所示，单模光纤穿过毛细钢管并在一端被缠绕成光纤环形状，光纤环通过塑料卡板固定初始几何尺寸，利用游标卡尺测量初始尺寸，试验中不断拉动毛细钢管，则光纤环尺寸不断减小，测量拉动位移 S 和光纤环尺寸 L，并记录下 OTDR 中的光损耗，光时域反射计中显示为两点之间光信号"台阶"衰减。在测试前，预试验判断出光纤环的初始尺寸小于 40 mm 时，OTDR 中才能捕捉到明显的光损耗。为尽可能让光纤环中损耗变化值从 0 开始，在本测试中，通过游标卡尺测量出卡住的光纤环初始尺寸为 40.23 mm，试验共重复进行了 3 次，取测试数据的平均值。

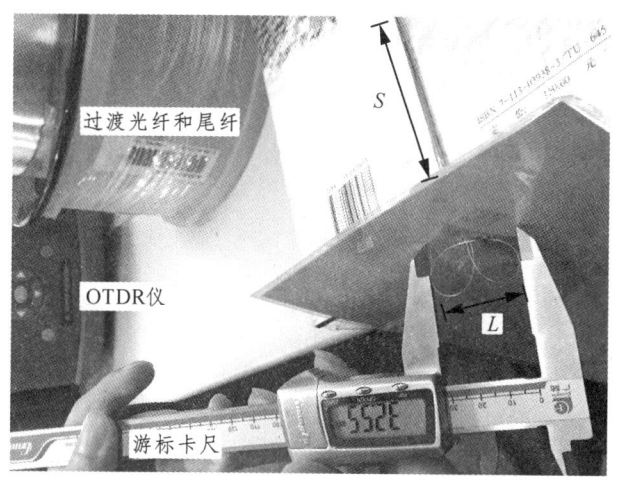

图 5.3 光纤环调制机制标定测试系统

为了讨论光纤环不同初始尺寸下的弯曲损耗与位移关系，进一步判断光纤环调制机制的测量精度和测量范围，选取测试过程中记录下的光纤环 8 个变化尺寸作为初始尺寸，分别为 40.23 mm、39.38 mm、38.51 mm、37.48 mm、36.63 mm、35.21 mm、34.56 mm、34.1 mm，然后进行数据处理，用后续测量的光损耗减去初始光损，得到相对光损耗。光纤环在不同初始尺寸下的相对位移量与相对弯曲损耗量关系，标定参数 m_1、m_2 及误差分析如图 5.4 所示。

从图 5.4 可知，光纤环调制机制的测量位移与输出光损耗之间的关系是非线性的，其拟合曲线呈现出良好的对数关系，通过两个待定常数 m_1、m_2 可以确定其函数关系。拟合曲线的 RMSE 最小值为 0.518 mm，最大值为 1.088 mm，证明其拟合效果比较好。当光纤环的初始尺寸不同时，最大测量位移值分别为：44.71 mm、43.53 mm、41.82 mm、40.30 mm、38.00 mm、36.54 mm、34.80 mm、34.00 mm。此外，当光损耗变化值为 0.1 dB 时，有效预测位移分别为 2.65 mm、2.26 mm、1.76 mm、1.78 mm、1.29 mm、1.57 mm、1.02 mm、0.98 mm。在后续试验中，光纤环初始尺寸设置为 34.56 mm，其标定常数 m_1、m_2 确定为 59.952 mm 和 15.491 dB。应注意的是当前解调仪能够允许的损耗读出分辨率为 0.05 dB，则光纤环能感知的位移为 59.952×ln(0.05+15.491)−59.952×ln15.491=0.193 mm。因此，光纤环弯曲损耗机制可测量的最小位移精度为 0.193 mm，但是在实际应用中 0.1 dB 被考虑为可测量的有效最小损耗量，对应试验中位移值为 0.98 mm。

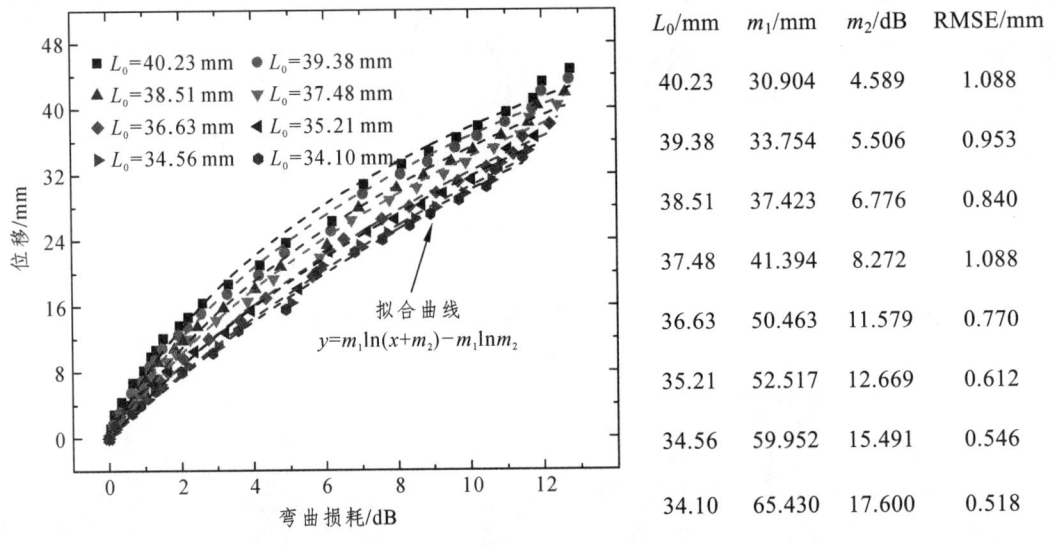

图 5.4 光纤环调制机制标定试验结果

5.2.2 光纤环位移传感器制作与测试装置

西南山区中顺层岩质边坡是工程建设中以及自然滑坡中时常遇到的一种边坡[169]。而分析和研究这类岩质边坡的稳定性问题时,首先需要解决的问题之一是确定潜在滑动面位置和变形特征。边坡深部岩土体变形监测中最常见、最有效的方式是基于钻孔监测的仪器设备。基于上文提出的光纤环调制机制,作者设计了一系列适用于模型试验以及现场边坡变形监测的光纤环位移传感器,主要包括第一代光纤环位移传感器(Fiber Loop Displacement Sensor 1.0,FLDS1.0)以及后续基于 FLDS1.0 研发的第二代和第三代光纤环位移传感器(FLDS2.0 和 FLDS3.0)。

第一代光纤环位移传感器(FLDS1.0)如图 5.5 所示,传感器主要由基材和光纤环调制机制组成。基材选用的截面形式为正方形,具体是边长为 40 mm 的可发性聚苯乙烯(EPS)泡沫和 PVC 塑料基材。在选定的正方形基材面各边中线处做好标记,将一根外径为 2 mm、内径为 1.7 mm 的 $\phi 2$ 毛细钢管粘贴在标线上,$\phi 2$ 管中内套有 $\phi 1$ 毛细钢管,$\phi 2$ 管在填充水泥砂浆初凝时被拔出以保证 $\phi 1$ 管不被浇筑且可在砂浆体受剪切时自由运动。$\phi 1$ 管的一端被固定装置锚固于基材底部,另一端比基材长 50 mm 左右。一根连续的光纤先连接在一个 $\phi 1$ 管的顶端,然后从光纤卡板上穿过并缠绕形成一个类似蝴蝶结形状的环再穿出,用光纤夹固定好位置和尺寸,如此光纤环被拉动时便可自由变形,如此类推连接,光纤环编号分别为 1#~4#。FLDS1.0 与其他边坡深部测斜技术一样,也是基于钻孔埋设来监测数据。在被监测边坡处预先钻孔直至稳定层,然后在钻孔居中位置安装传感器,孔内其他空隙处填充水泥砂浆材料。当边坡滑动时,滑动面以上岩土体会向临空面运动从而剪切传感试件,带动光纤的运动,相应的光纤环几何尺寸会减小,可产生大量的光损耗,通过光时域反射计可以测量,根据信号解调可以计算出边坡变形量。该装置还可以判断边坡的运动方向,由于基材体 4 个面上都布置有毛线钢管和光纤环,根据 4 个光纤环的先后反应时间,即可判断出边坡的主要滑动方向。

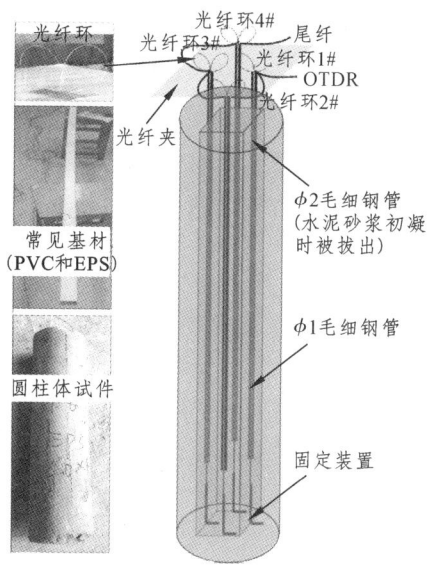

图 5.5　第一代光纤环位移传感器

第二代光纤环位移传感器（FLDS2.0）如图 5.6 所示，是 FLDS1.0 的升级版。FLDS1.0 的基材面上只布置有一根内套有 $\phi1$ 毛细钢管的 $\phi2$ 毛细钢管，可识别出单一滑面滑动的情况，但岩体边坡可能存在多条软弱带而产生先后滑动的失稳模式，研发 FLDS2.0 是为了识别多层滑面剪切破坏下的岩体运动状态。FLDS2.0 基材是边长为 40 mm 的 EPS 材料和尺寸为 40 mm×20 mm 的 PVC 材料，且在基材体一个宽面上布置 3 根不同长度的内套有 $\phi1$ 管的 $\phi2$ 管。和 FLDS1.0 一样，一根连续的光纤被依次连接在所有 $\phi1$ 毛细管的顶端，暴露在监测边坡体外端的光纤被缠绕成蝴蝶结形状的环，编号分别为光纤环 1#~3#。但需要注意的是，只要合理布设和设计，在理论上 FLDS2.0 基材的宽面尺寸可以选择更大，其上布置有更多长度不同的毛细钢管来扩大传感器对多滑面剪切破坏的监测能力。

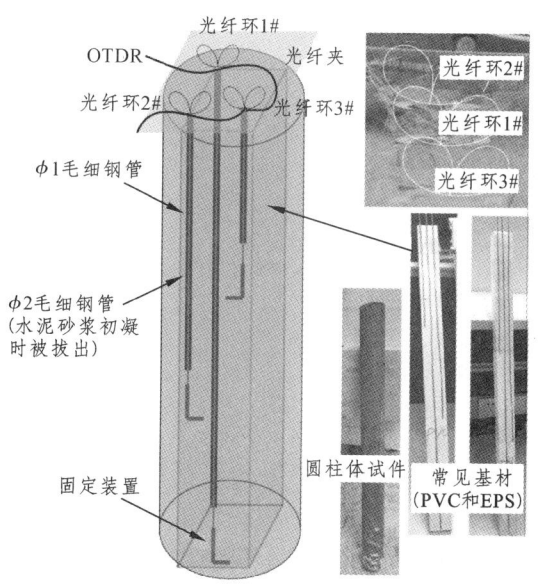

图 5.6　第二代光纤环位移传感器

第三代光纤环位移传感器（命名为 FLDS3.0）如图 5.7 所示。上述 FLDS1.0 和 FLDS2.0 可适用在模型试验或现场浅层边坡变形监测中，不可以串联使用以适用于深部测斜。FLDS3.0 提供一种可串联复用，且野外生存能力稳健的边坡深部监测技术。传感器主要由不锈钢连接头、防护罩和光纤环调制机制组成。$\phi1$ 毛细钢管贯穿在 $\phi3$ ABS 材质塑料管（外径为 3 mm、内径为 2.2 mm，极易被剪切破坏）中，以确保 $\phi1$ 管可以在砂浆中自由运动而不会被浇筑住，因此 $\phi3$ ABS 管可以被浇筑在水泥砂浆中不被拔出。$\phi1$ 管两端分别穿过上下端的不锈钢连接头的槽孔，且 $\phi1$ 管上端和 $\phi3$ ABS 管一起被黏结在上端不锈钢连接头上。一根连续的单模光纤穿过 $\phi1$ 管，在底端处光纤外端监测部分缠绕成蝴蝶结形状的环并置于下端不锈钢防护罩中。光纤通过上端的不锈钢防护罩上的光纤引出孔和光缆与光源检测器连接，光纤引出孔用环氧树脂封闭；用以保护光纤环调制机制的不锈钢防护罩和底端不锈钢连接头通过绑扎连接。在后续现场试验中，对 FLDS3.0 进行了稍微改进，以便于预制并安装在钻孔中，主体包括直径为 40 mm 的圆形 PVC 管，外表面上预刻有环向孔道以降低强度，管内部填充有 EPS 材料（圆柱形 EPS 材料正中留有孔道），在管正中部位上仍旧是有内套 $\phi1$ 管的 $\phi3$ ABS 管，PVC 管上下端分别与上下不锈钢连接头固定在一起，一根连续的单模光纤穿过 $\phi1$ 管，在底端处光纤外端监测部分缠绕成蝴蝶结形状的环并置于下端不锈钢防护罩中。准分布式串联使用时前后两个传感器的首尾不锈钢连接头黏结在一起，并通过连接头上的小孔绑扎固定住。光纤链路上的连接光纤是铠装的光缆线，仅作光信号的传输通路而不具有传感功能。

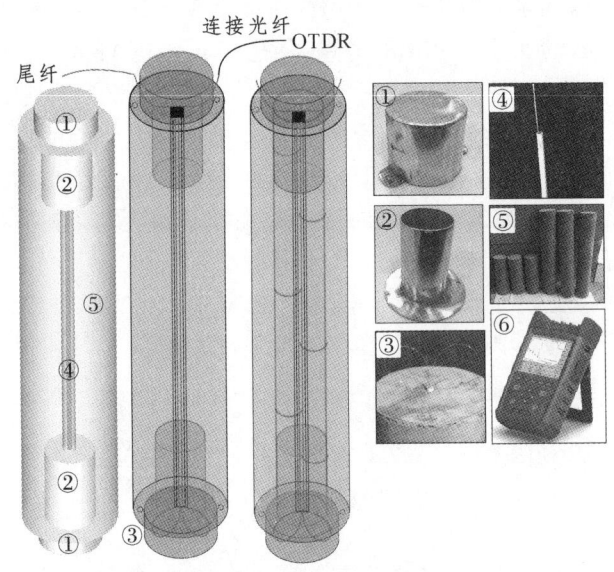

①—不锈钢防护罩；②—不锈钢连接头；③—光纤环；④—$\phi3$ ABS 管和 $\phi1$ 毛细钢管；
⑤—圆柱体试件；⑥—OTDR 仪。

图 5.7 第三代光纤环位移传感器

试验中用来模拟边坡滑移的装置如图 5.8 所示。边坡滑移装置组成部分为上部可滑动的滑块体、下部支持滑动的滑床和可承受荷载施加的反力架结构，整个装置全部由钢筋混凝土浇筑而成。滑体与滑床的交界面为滑动面，且两者的正中间预留有圆柱孔以便于安置传感器与水泥砂浆制作成的圆柱体试件。模型加载采用油压千斤顶，加载方向与滑体滑动方向一致。在最初浇筑时已预备了两块可滑动块体，主要是为了方便形成两个剪切滑动面，下部滑体 2 的运动轨迹被固定刚构限制住只能线性滑动,上部滑体 1 比滑体 2 尺寸整体要小,便于上下搬运。装置的反力架在浇筑混凝土时已加入钢筋笼箍避免被加载破坏,可以承受较大反力。

图 5.8　边坡滑移模型试验装置(单位:mm)

5.2.3　岩层单/双滑动面剪切模拟试验

1. 岩层单滑动面状态模拟试验

深部岩土体发生结构性功能失效时,一般是不稳定区滑体沿着软弱结构面剪切失稳破坏导致的。因此,为了研究提出的光纤环位移传感器对岩体滑动变形的识别能力,作者开展岩层单滑动面状态模拟试验,试验主要测试对象为 FLDS1.0 和 FLDS3.0。

根据试验目的,采用的主要设备和材料包括:自制的钢筋混凝土直剪装置(图 5.8)、AV6418 型高性能多功能 OTDR 信号激发和采集仪、AV6471 型光纤熔接机、广陆数显游标卡尺(0~200 mm)、广陆百分表(0~50 mm)、油压千斤顶。

模型试验 1:FLDS1.0 和水泥砂浆制成的圆柱体试件尺寸为直径 75 mm、高度 500 mm。基材是边长为 40 mm 的 EPS 和 PVC,水泥砂浆配比为 1∶5,每组试件 1 个。为便于试件制作,考虑到试验加载方向已定,FLDS1.0 的基材只有 3 个面上设置有连接着光纤环的毛细钢管,编号为 1#~3#。

模型试验 2:FLDS3.0 和水泥砂浆制成的圆柱体试件尺寸设计有 2 种,分别为直径 75 mm、高度 500 mm 和直径 75 mm、高度 250 mm。水泥砂浆配比为 1∶5,每组试件 3 个。

试验测试时,依次放置预制有传感器的圆柱体试件在直剪仪上。架设百分表,连接 ODTR 仪,并进行光纤预通检测。利用油压千斤顶进行加载,加载步尽量以 2 mm 为准,每步测试稳定 5 min 后,同步记录下 OTDR 和百分表的读数。测试直至 OTDR 仪中不能有效读出光损耗信号或者试件被完全破坏时停止。具体的试件信息和模型试验,如表 5.1 及图 5.9 所示。

表 5.1　岩层单滑动面状态模拟试验试件参数

模型试验	试件编号	试件尺寸(直径×高)/mm	基材	基材尺寸/mm	砂浆比
1	A1	φ75×500	EPS	40×40	1∶5
	A2	φ75×500	PVC	40×40	1∶5

续表

模型试验	试件编号	试件尺寸（直径×高）/mm	基材	基材尺寸/mm	砂浆比
2	B1	φ75×250	水泥砂浆	—	1∶5
	B2	φ75×250	水泥砂浆		1∶5
	B3	φ75×250	水泥砂浆		1∶5
	C1	φ75×500	水泥砂浆		1∶5
	C2	φ75×500	水泥砂浆		1∶5
	C3	φ75×500	水泥砂浆		1∶5

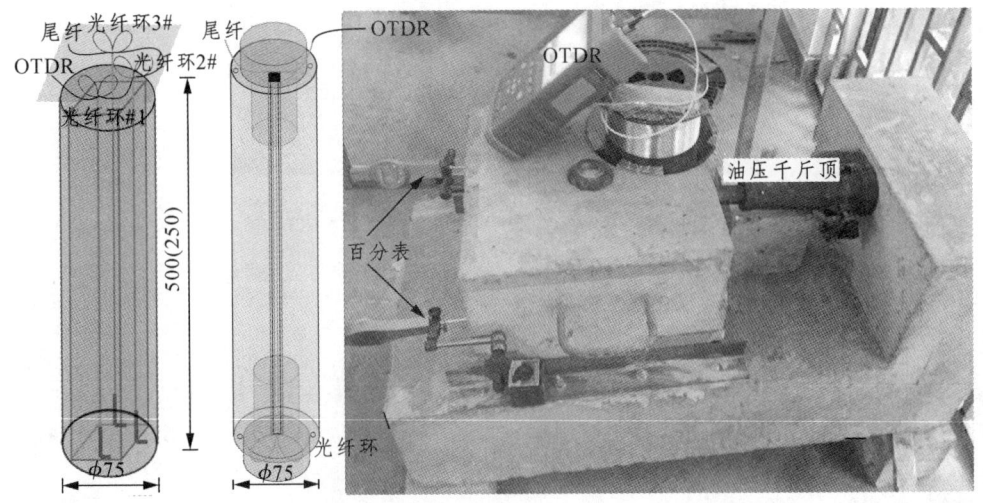

图 5.9　岩层单滑动面状态模拟试验（单位：mm）

对岩层单滑动面状态模拟试验的相关数据进行分析，讨论传感器的光纤弯曲损耗与滑块加载位移的关系，同时反演出传感器的预测位移，比较滑块体加载位移与预测位移的关系，其分析结果如图 5.10~图 5.13 所示。

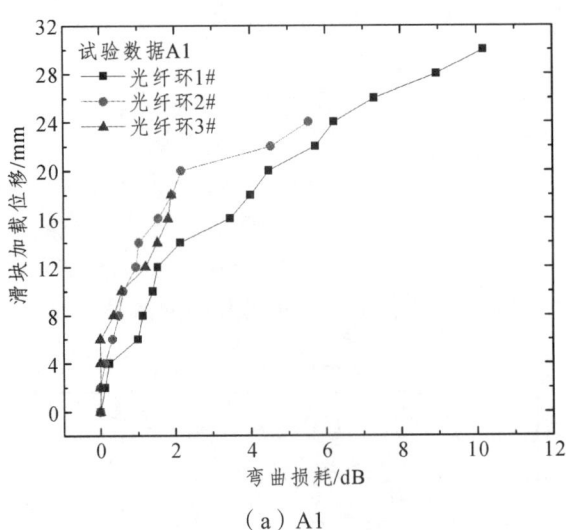

（a）A1

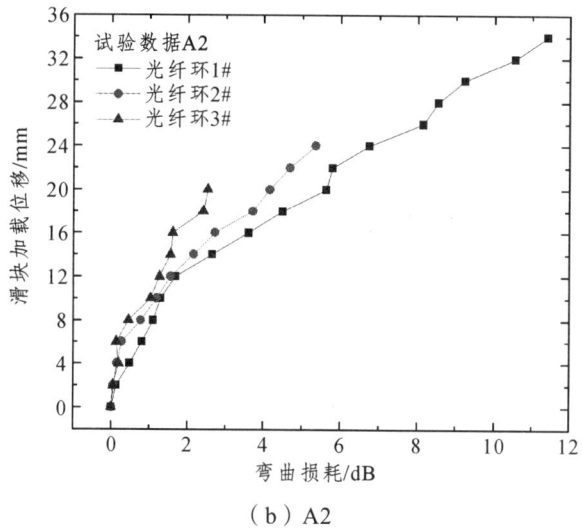

（b）A2

图 5.10 光纤弯曲损耗与滑体加载位移关系（模型试验 1）

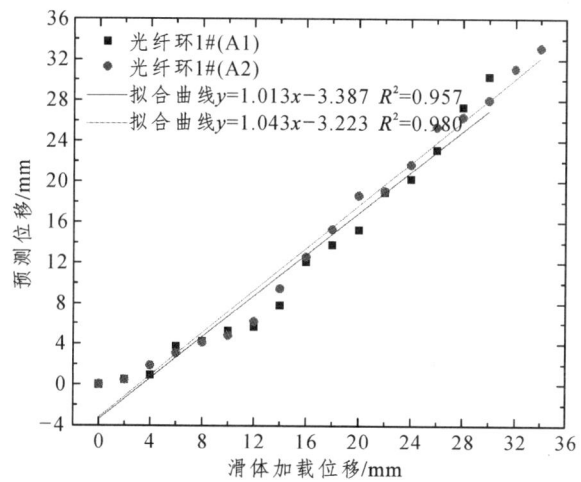

图 5.11 滑体加载位移与预测位移的关系（模型试验 1）

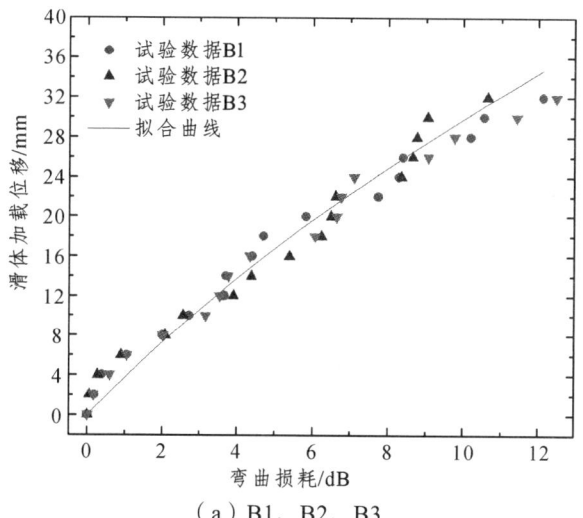

（a）B1、B2、B3

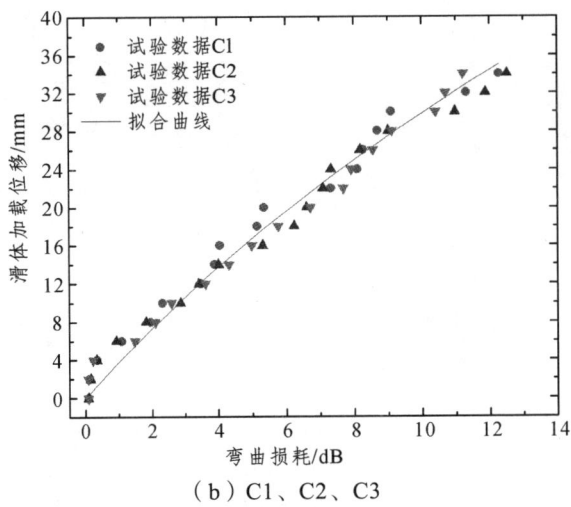

（b）C1、C2、C3

图 5.12　光纤弯曲损耗与滑体加载位移关系（模型试验 2）

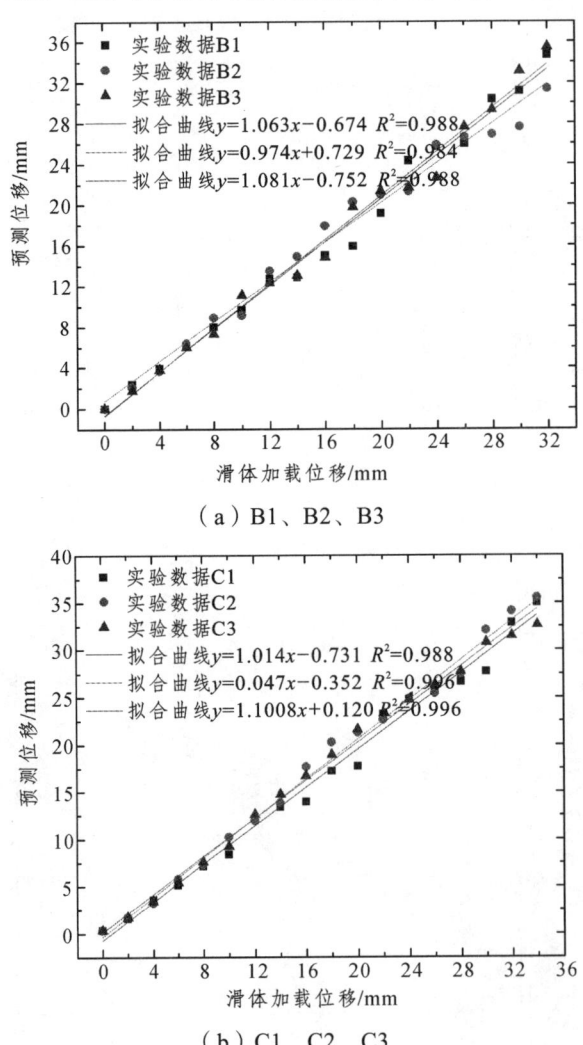

（a）B1、B2、B3

（b）C1、C2、C3

图 5.13　滑体加载位移与预测位移的关系（模型试验 2）

模型试验 1：FLDS1.0 在测试过程中，光纤环 1#、2#、3#产生的损耗"台阶"衰减会先后出现在 OTDR 仪上，具体情况如图 5.10 所示。最先产生损耗"台阶"衰减的是光纤环 1#，随后依次是光纤环 2#和 3#。在加载过程中，光纤环 3#的光损耗最先衰减到 OTDR 上不能识别，进而退出监测；其次光纤环 2#也退出监测，所以光纤环 1#可以监测的加载位移范围最大；且光纤环 1#、2#、3#中的位移与损耗关系曲线均呈现对数关系，与光纤环调制机制的标定试验图 5.4 中结果类似，说明模型试验中的光纤环传感机理和标定试验中的光纤环是基本相同的。在 A1 和 A2 试件中，均是光纤环 1#中的反应最为强烈，到加载结束时，其损耗值分别为 10.19 dB 和 11.41 dB，损耗量较为明显，可以反映滑体的剪切破坏过程。光纤环 1#对应的基材面是加载受力的主要承受面，光纤环 1#最先出现光损耗，也是最后退出光损耗，测量位移量最大，可反映出滑体的主要剪切变形量，因此根据 3 个光纤环对应的光损耗先后出现顺序可以判断出滑体的主要滑动方向。

FLDS1.0 测试过程中 3 个光纤环均产生了光损耗，但光纤环 1#最先出现光损耗，也是最后退出光损耗的，测量位移量最大，对应的基材面是加载受力的主要承受面。在此，利用前文中的传感器标定结果，对光纤环 1#中的损耗数据进行位移反演，其预测位移和滑体加载位移的关系如图 5.11 所示。由图可知，传感器预测位移随滑体加载位移的增加而增加，均呈现出良好的单调线性关系，其拟合优度 R^2 不小于 0.957，且两者位移的比值分别为 1.013 和 1.043，代表预测位移与实测位移基本是 1∶1 的对应关系，说明 FLDS1.0 可以识别出岩体单滑动面状态的变形情况，并判断出滑体的主要滑动方向。

模型试验 2：FLDS3.0 中只布设了一个光纤环，在测试过程中，岩层单一滑面剪切传感器，引起 FLDS3.0 的光纤环只会在 OTDR 上产生一个损耗"台阶"衰减，具体损耗与位移曲线关系如图 5.12 所示。从图中可知，2 组不同长度（500 mm 和 250 mm）的传感器试件在测试初期，试件开始被压缩挤紧，没有产生明显的剪切变形，所以检测仪器中未出现明显损耗值；随着试件继续被剪切而出现变形破坏，此时损耗变化显著。对同一组中 3 个相同尺寸传感器试件的光损耗与滑体加载位移进行拟合，发现位移与损耗关系曲线均呈现对数关系，与光纤环调制机制的标定试验图 5.4 中结果类似，说明模型试验 2 中的 FLDS3.0 光纤环传感机理也和标定试验中光纤环是基本相同的。3 个相同尺寸传感器试件测试的数据存在些许波动和离散，但基本是正常和合理的，在试验允许的误差范围内。

如图 5.13 所示，与模型试验 1 类似，传感器预测位移与滑体加载位移也具有较好的线性关系，其拟合优度 R^2 不小于 0.980，且两者位移的比值处于 0.974~1.081 之间，说明预测位移和加载位移基本是 1∶1 的对应关系。在测试中，B1、B2、B3 和 C1、C2、C3 试件高度分别为 250 mm 和 500 mm，且都可识别出剪切滑动变形，说明传感器能判断变形层厚度不小于 250 mm 的岩层滑动状态。可见，FLDS3.0 可识别出岩体单一滑面滑动的变形情况，且可分辨的变形层厚度不小于 250 mm。

2. 岩层双滑动面状态模拟试验

不连续结构面对岩体的失效或者破坏具有重要影响，对于存在多个软弱结构面的岩体或者岩质边坡其整体强度会急剧下降。因此，本节将进一步研究提出的 FLDS2.0 与 FLDS3.0 的准分布式监测系统对岩层多滑动面状态破坏情况的测量性能，为此作者开展了岩层双滑动面状态模拟试验。试验测试的加载装置如图 5.8 所示，滑床上有 2 个可移动的滑体（滑体 1 和滑体 2），存在 2 个滑动面。FLDS3.0 传感单元通过首尾相连串联并行复用，可适用于准分布式位移监测，系统布置如图 5.14 所示。试验中的主要设备和材料与岩层单滑动面状态模拟试验一样。

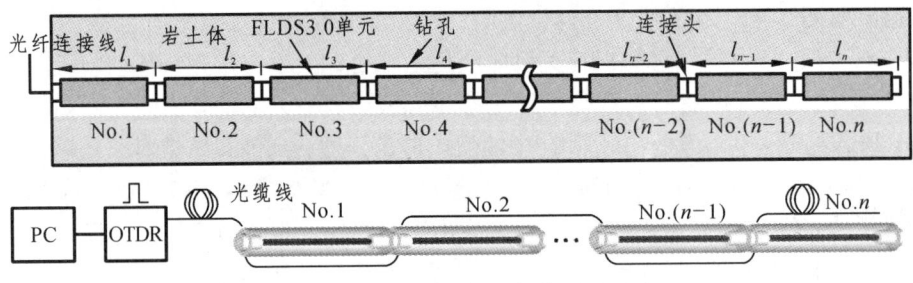

图 5.14　FLDS3.0 准分布式测量系统

模型试验 3：FLDS2.0 和水泥砂浆制成的圆柱体试件尺寸为直径 75 mm、高度 750 mm。基材是边长为 40 mm 的 EPS 材料和尺寸长宽为 40 mm×20 mm 的 PVC 材料，水泥砂浆配比为 1∶5，每组试件 1 个。FLDS2.0 基材的一个宽面上等间距布置有 3 根连接着光纤环的 ϕ1 毛细钢管，长度分别为 250 mm、500 mm 和 750 mm。本试验将主要研究 FLDS2.0 在 4 种常见滑坡类型的模型试验中的工作性能，4 种滑坡类型的概念化模型如图 5.15 所示：

①深层滑动：深层边坡发生滑动（即滑体 1 和滑体 2 一起运动导致试件破坏）；

②浅层滑动：浅层边坡发生滑动（即只有滑体 1 运动导致试件破坏）；

③先深层滑动，后浅层滑动：边坡深层先滑动后停止，随后惯性力会导致浅层滑动（即滑体 1 和滑体 2 先一起运动后停止，随后只有滑体 1 运动导致试件破坏）；

④先浅层滑动，后深层滑动：边坡浅层先滑动后停止，随后诱发深层滑动（即滑体 1 先运动后停止，随后滑体 1 和滑体 2 一起运动导致试件破坏）。

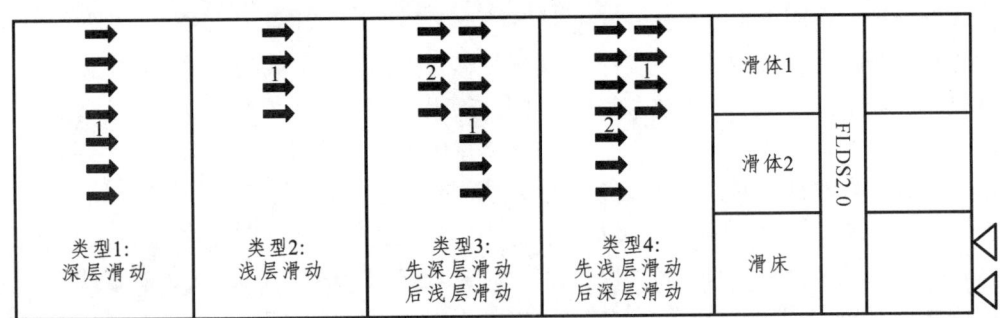

图 5.15　4 种滑坡概念化试验模型

模型试验 4：FLDS3.0 和水泥砂浆制成的圆柱体试件尺寸分为两组，一组是直径为 75 mm、高度为 750 mm 的试件，一组是由直径 75 mm、高度 250 mm 及 500 mm 的两个传感单元首尾连接成的高度为 750 mm 的试件。水泥砂浆配比为 1∶5，每组试件 3 个。试验主要研究 FLDS3.0 准分布式监测系统在牵引式滑坡类型的剪切滑动模型试验中的工作性能。图 5.16 展示了牵引式滑坡块体结构图及概念化试验模型。牵引式滑坡一般由于坡脚开挖与地下水活动导致下部先滑动，而后逐渐自下而上发展，规模不断扩大。概念化试验模型中则是滑体 1 先滑动，后滑体 1 和滑体 2 一起运动导致试件破坏。

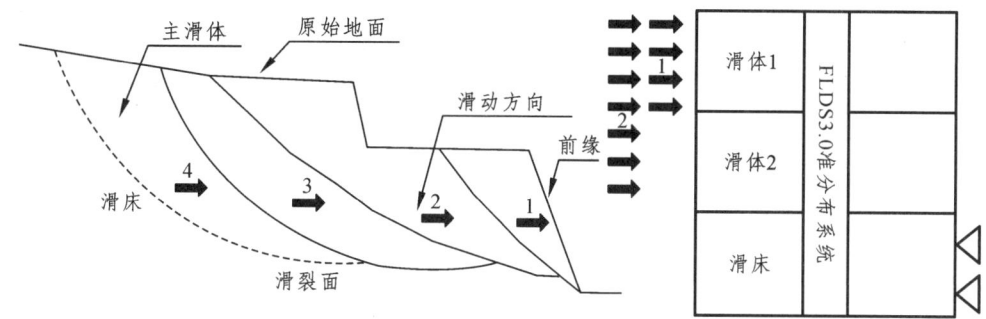

图 5.16 牵引式滑坡及其概念化试验模型

同上述的试验过程一样,测试时依次放置预制好的圆柱体试件在直剪仪上。架设百分表,连接 ODTR 仪,并进行光纤预通检测。利用油压千斤顶进行加载,加载步尽量以 2 mm 为准,每步测试稳定 5 min 后,同步记录下 OTDR 和百分表的读数。测试直至 OTDR 仪中不能有效读出光损耗信号或者试件被完全破坏时停止。具体的试件信息和模型试验,如表 5.2 及图 5.17 所示。

表 5.2 岩层双滑动面状态模拟试验试件参数

模型试验	试件编号	试件尺寸 (直径×高)/mm	基材	基材尺寸/mm	砂浆比	试验模型
3	D1	φ75×750	EPS	40×40	1:5	深层滑动
	D2	φ75×750	PVC	40×20	1:5	
	E1	φ75×750	EPS	40×40	1:5	浅层滑动
	E2	φ75×750	PVC	40×20	1:5	
	F1	φ75×750	EPS	40×40	1:5	先深层滑动 后浅层滑动
	F2	φ75×750	PVC	40×20	1:5	
	G1	φ75×750	EPS	40×40	1:5	先浅层滑动 后深层滑动
	G2	φ75×750	PVC	40×20	1:5	
4	H1	φ75×750	水泥砂浆	—	1:5	先浅层滑动 后深层滑动
	H2	φ75×750	水泥砂浆		1:5	
	H3	φ75×750	水泥砂浆		1:5	
	I1	φ75×(250+500)	水泥砂浆		1:5	
	I2	φ75×(250+500)	水泥砂浆		1:5	
	I3	φ75×(250+500)	水泥砂浆		1:5	

对岩层单滑动面状态模拟试验的相关数据进行分析,讨论传感器的光纤弯曲损耗与滑块加载位移的关系,同时反演出传感器的预测位移,比较滑块体加载位移与预测位移的关系,其分析结果如图 5.18 和图 5.19 所示。

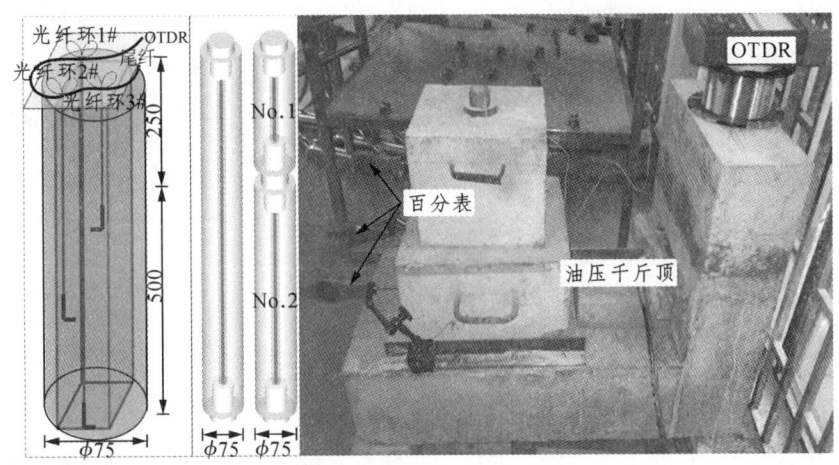

图 5.17 岩层双滑动面状态模拟试验（单位：mm）

模型试验 3：FLDS2.0 在测试过程中，所有试件的预测位移和滑体加载位移关系拟合曲线函数及拟合程度如下：

$$y_{D1} = 0.948x + 0.492 \quad R^2 = 0.991 \tag{5.12a}$$

$$y_{D2} = 0.904x + 0.983 \quad R^2 = 0.996 \tag{5.12b}$$

$$y_{E1}(1\#) = 0.968x + 0.116 \quad R^2 = 0.989 ;$$
$$y_{E1}(2\#) = 1.023x - 0.073 \quad R^2 = 0.990 \tag{5.13a}$$

$$y_{E2}(1\#) = 0.965x - 0.073 \quad R^2 = 0.993 ;$$
$$y_{E2}(2\#) = 0.954x + 0.222 \quad R^2 = 0.991 \tag{5.13b}$$

$$y_{F1}(1\#) = 0.961x - 0.607 \quad R^2 = 0.981 ;$$
$$y_{F1}(2\#) = 1.033x - 17.258 \quad R^2 = 0.994 \tag{5.14a}$$

$$y_{F2}(1\#) = 0.984x - 0.539 \quad R^2 = 0.970 ;$$
$$y_{F2}(2\#) = 0.983x - 17.754 \quad R^2 = 0.931 \tag{5.14b}$$

$$y_{G1}(1\#) = 0.921x + 0.518 \quad R^2 = 0.988 ;$$
$$y_{G1}(2\#) = 1.002x - 0.341 \quad R^2 = 0.962 \tag{5.15a}$$

$$y_{G2}(1\#) = 0.931x + 0.104 \quad R^2 = 0.994 ;$$
$$y_{G2}(2\#) = 0.904x + 0.281 \quad R^2 = 0.977 \tag{5.15b}$$

从图 5.18（a）可知：类型 1（深层滑坡），在测试过程中，D1 和 D2 试件中只观测到光纤环 1# 的光损耗，未观察到光纤环 2# 和 3# 中产生的光损耗变化，因此滑体剪切面没有破坏到连接光纤环 2# 和 3# 的基材面位置，由此能够判断滑动面的位置在孔内 500~750 mm 范围处。由光纤环 1# 中损耗反演出的预测位移和滑体 1 及滑体 2 加载位移的关系线性度较高，其拟合优度 R^2 超过 0.991，且两者位移的比值分别为 0.948 和 0.904，代表预测位移与实测位移基本是

1∶1的对应关系，说明FLDS2.0可以识别出岩体单一滑面滑动的变形情况。

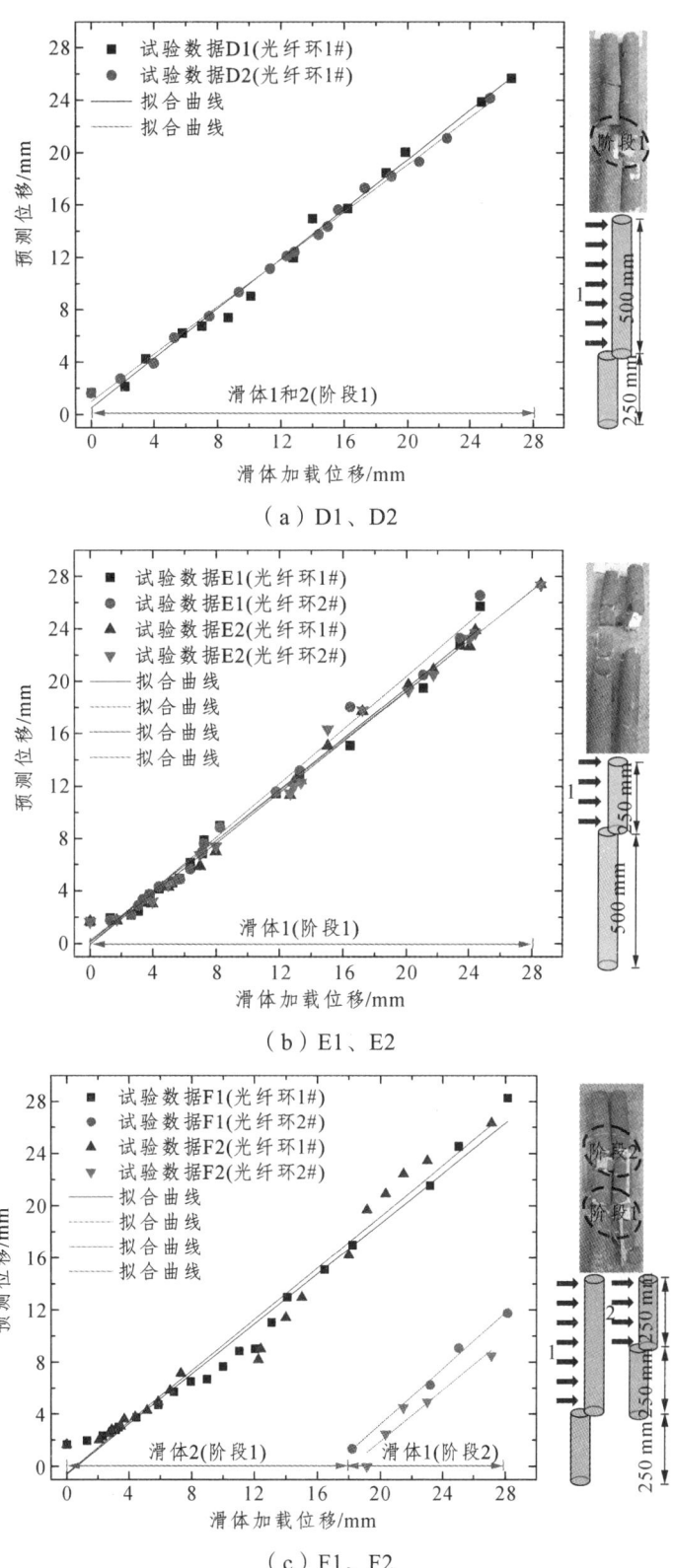

（a）D1、D2

（b）E1、E2

（c）F1、F2

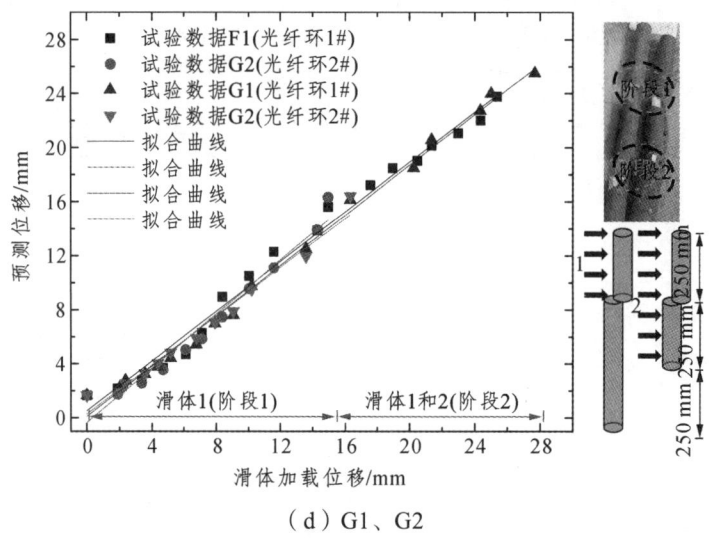

(d) G1、G2

图 5.18 滑体加载位移与预测位移的关系（模型试验 3）

从图 5.18（b）可知：类型 2（浅层滑坡），在测试过程中，E1 和 E2 试件中观测到光纤环 1#和 2#的光损耗，未观察到光纤环 3#中产生的光损耗变化，因此滑体剪切面没有破坏到连接光纤环 3#的基材面位置，由此可以确定滑动面的位置在孔内 250~500 mm 范围处。由光纤环 1#和 2#中的损耗分别反演出的预测位移和滑体 1 加载位移的关系线性度较高且基本相同，其拟合优度 R^2 大于 0.989，说明光纤环 1#和 2#中产生了相同的尺寸变形和损耗，滑体的预测位移和实际加载位移比值范围在 0.954~1.023 之间，代表预测位移与实测位移基本是 1∶1 的对应关系，说明 FLDS2.0 可以识别出岩体单一滑面滑动状态的变形情况。

从图 5.18（c）可知：类型 3（先深层滑坡，后浅层滑坡），在测试过程中，F1 和 F2 试件在加载初期只观测到光纤环 1#的光损耗，且由光纤环 1#中损耗反演出的预测位移和滑体 1 及滑体 2 加载位移呈现良好的线性关系；在加载后期则能观测到光纤环 1#和 2#的光损耗，此时由光纤环 1#和 2#中的损耗反演出的预测位移和滑体 1 加载位移关系线性度较高且基本相同，说明加载后期中光纤环 1#和 2#产生了相同的尺寸变形和损耗。滑体的预测位移和实际加载位移的关系曲线的拟合优度 R^2 大于 0.931，且两者位移的比值范围在 0.961~1.033 之间，代表预测位移与实测位移基本是 1∶1 的对应关系。由此可判断加载初期滑动面的位置在孔内 500~750 mm 范围处，后期则在 250~500 mm 范围处，说明 FLDS2.0 可识别出岩体双滑面滑动状态的变形情况。

从图 5.18（d）可知：类型 4（先浅层滑坡，后深层滑坡），在测试过程中，G1 和 G2 试件在加载初期观测到光纤环 1#和 2#的光损耗，由光纤环 1#和 2#中的损耗反演出的预测位移和滑体 1 加载位移关系线性度较高且基本相同，说明加载初期光纤环 1#和 2#产生了相同的尺寸变形和损耗；在加载后期则只观测到光纤环 1#的光损耗，此时由光纤环 1#中的损耗反演出的预测位移和滑体 1 及滑体 2 加载位移具有较好的线性度。滑体的预测位移和实际加载位移的关系曲线的拟合优度 R^2 大于 0.962，且两者位移的比值范围在 0.904~1.002 之间，代表预测位移与实测位移基本是 1∶1 的对应关系。由此可判断加载初期滑动面的位置在孔内 250~500 mm 范围处，后期则在 500~750 mm 范围处，说明 FLDS2.0 可以识别出岩体双滑面滑动状态的变形情况。

由此可见，FLDS2.0 可以用来检测滑体不同剪切破坏下的变形情况，其预测位移能有效地反映滑体的实际剪切位移，两者比值在 0.904~1.033 之间；此外可确定的滑动面位置的最小分辨位移为 250 mm，通过合理的毛细钢管长度和基材截面尺寸的选择布置，可以获得更高的可分辨位移。

模型试验 4：FLDS3.0 准分布式系统在测试过程中，所有试件的预测位移和滑体加载位移关系拟合曲线函数及拟合程度如下：

$$y_{H1} = 0.941x - 0.922 \quad R^2 = 0.967 \tag{5.16a}$$

$$y_{H2} = 0.966x - 0.232 \quad R^2 = 0.985 \tag{5.16b}$$

$$y_{H3} = 1.015x - 1.215 \quad R^2 = 0.982 \tag{5.16c}$$

$$y_{I1}(\text{No.1}) = 0.926x - 1.558 \quad R^2 = 0.983 ;$$
$$y_{I1}(\text{No.2}) = 1.170x - 26.373 \quad R^2 = 0.992 \tag{5.17a}$$

$$y_{I2}(\text{No.1}) = 0.991x - 1.227 \quad R^2 = 0.994 ;$$
$$y_{I2}(\text{No.2}) = 0.933x - 21.858 \quad R^2 = 0.986 \tag{5.17b}$$

$$y_{I3}(\text{No.1}) = 0.967x - 1.276 \quad R^2 = 0.980 ;$$
$$y_{I3}(\text{No.2}) = 0.982x - 22.996 \quad R^2 = 0.969 \tag{5.17c}$$

从图 5.19（a）可知：测试过程中，在 H1、H2 和 H3 试件中观测到一个光损耗"台阶"衰减。主要是试件在不同位置上发生剪切运动时，都只会导致 FLDS3.0 中的唯一光纤环的尺寸变形，所以测试仪上只能观测到一个损耗"台阶"衰减。同理，在试件的同一位置上发生剪切运动时也可以让测试仪上产生同样的损耗情况。可见，在 FLDS3.0 的同一位置和不同位置上分别施加剪切滑动位移导致光纤环上产生同样的尺寸变形时，OTDR 仪中均可观察到一样的损耗变化。因此，H1、H2 和 H3 试件不能用于岩层双滑动面状态破坏情况的监测，不能识别出具体滑动的位置。光纤环中的损耗反演出的预测位移和滑体加载位移是线性关系，拟合关系曲线是没有断点的连续直线，且拟合优度 R^2 大于 0.967，两者位移的比值范围在 0.941~1.015 之间。

从图 5.19（b）可知：测试过程中，在 I1、I2 和 I3 试件中观测到两个光损耗"台阶"衰减。第一个损耗"台阶"衰减对应第一阶段剪切滑动（传感单元 No.1 反应）；第二个损耗"台阶"衰减对应第二阶段剪切滑动（传感单元 No.2 反应）。由单元 No.1 中损耗反演出的预测位移和一阶段中的滑体 1 加载位移是线性关系；由单元 No.2 中损耗反演出的预测位移和二阶段中的滑体 1 和滑体 2 加载位移也是线性关系。全测试过程中光损耗反演的预测位移和滑体加载位移的拟合曲线关系是有断点的两条直线，且拟合优度 R^2 大于 0.969，两者位移的比值在 0.926~1.170 之间，代表预测位移与加载位移基本是 1∶1 的对应关系。因此，I1、I2 和 I3 试件能用于岩层双滑动面状态破坏情况的监测，且可识别的岩层变形厚度最小值为 250 mm。

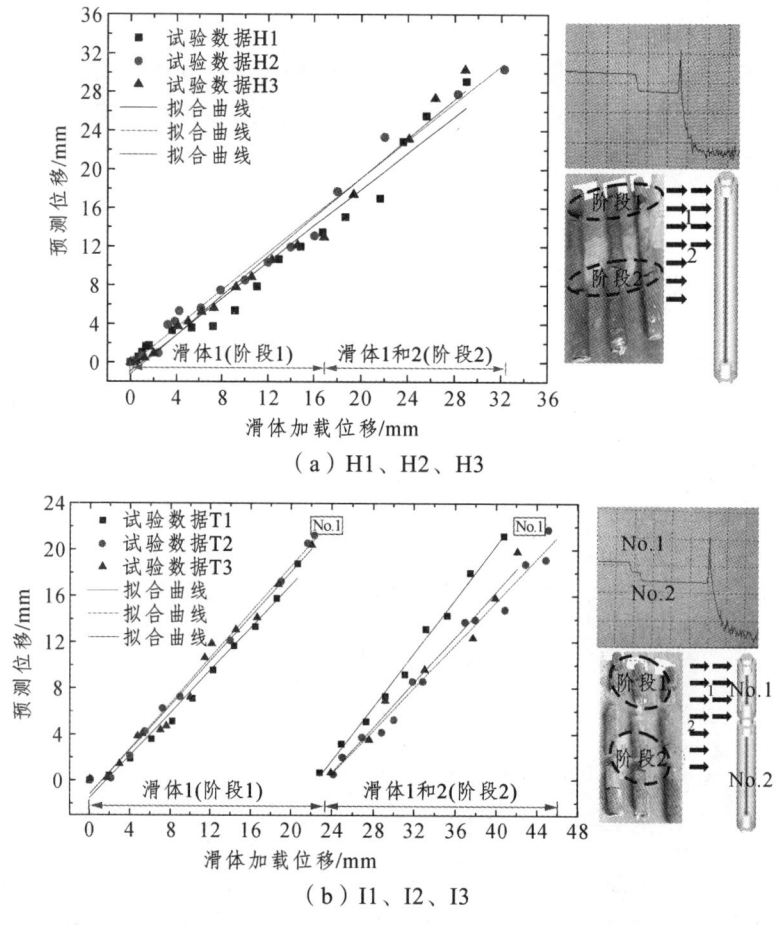

图 5.19 滑体加载位移与预测位移的关系（模型试验 4）

5.2.4 土质边坡滑动破坏监测模型试验

为了进一步调查光纤环位移传感器在土质边坡变形监测中的可行性，在室内开展了人工边坡的中型尺寸物理模型试验，通过埋设传感器来探求砂质黏土边坡在坡表堆载作用下的变形特性。试验在尺寸长×宽×高=4 500 mm×2 000 mm×1 600 mm 的钢结构模型箱中进行，如图 5.20 所示，箱体两侧面为钢化玻璃，便于观察边坡变形过程。为保证试验的实用性和安全性，模型箱上部设置了 1 000 mm 高的护栏。在钢化玻璃与土体接触面上涂抹了一层较薄的凡士林，可显著降低土与箱壁之间的摩擦力。试验中采用液压千斤顶在边坡后缘加载，荷载较大且集中，设计钢管反力架结构来分散和承受较大荷载。边坡模型是上部填土下覆基岩的人工边坡，滑移面是根据条分法计算而预制的圆弧形形式。滑床采用 MU20 页岩砖和 M5 水泥砂浆砌筑而成，表面用 1∶1 水泥砂浆抹面，并在完成后的水泥砂浆表面上附设一层厚度为 1.5 mm 的不锈钢板以降低摩擦系数。试验中所用填土为黏土和河砂按照一定干重比例混合而成。

模型试验边坡具体尺寸及监测设备布置如图 5.21 所示。模型边坡高 1 600 mm，滑体高度为 1 300 mm，基底高度为 300 mm；坡脚处滑床长度为 500 mm，高度为 300 mm；预制滑动面半径约 3700 mm。土质边坡采用分层填筑法施工，每层厚 200 mm，然后压实，填筑完成后再从坡肩到坡脚以 60°的倾角进行削坡。采用 PVC 和 EPS 为基材的 FLDS1.0 和传统的测斜管对边坡的内部位移进行监测。将测斜管嵌入到两个 FLDSs1.0 之间的钻孔中进行对比监测。用百分表记录下坡肩、坡脚的位移和承压板的沉降。在试验过程中，采用堆载法对边坡后缘进行加载来对其变形特性和稳定性进行研究，将 14 块尺寸为 200 mm×520 mm×500 mm 的混凝土块作为千斤顶和土体之间的传力块，均匀地放置在长 2 000 mm、宽 1 000 mm 的承压钢板上，用 3 个液压千斤顶对坡顶施加垂直荷载，逐渐施加荷载，直至边坡破坏。

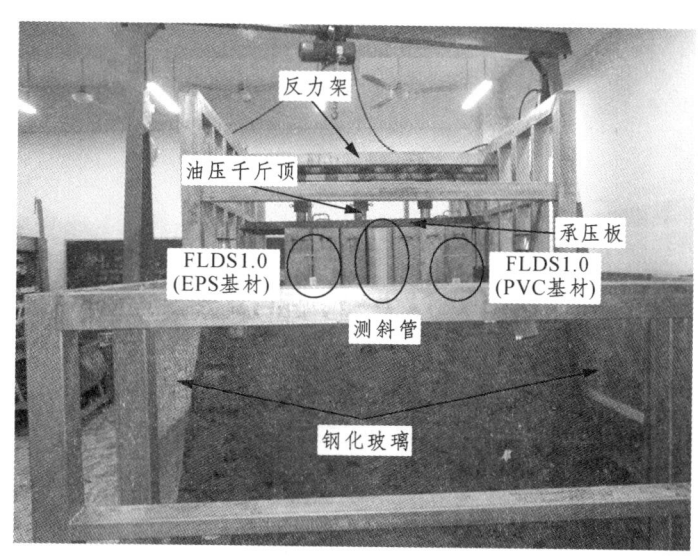

图 5.20　FLDS1.0 的土体滑动破坏监测模型试验

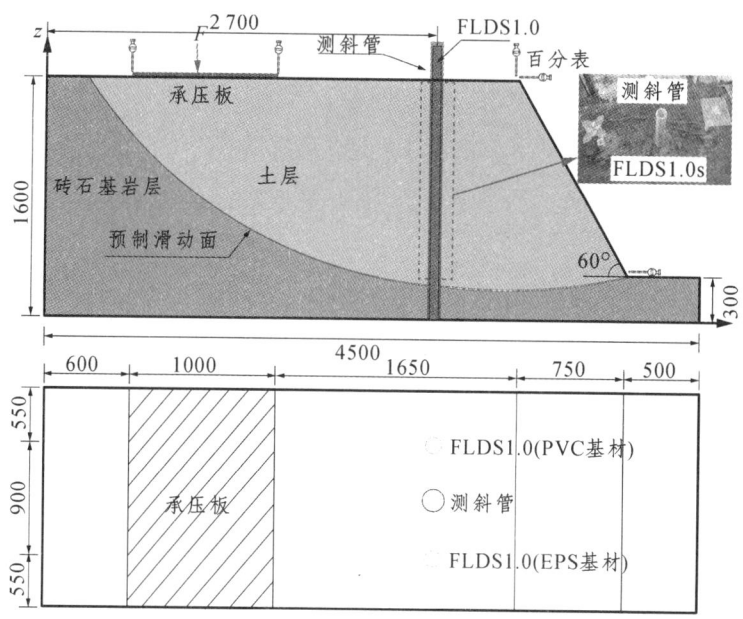

图 5.21　人工边坡模型尺寸和传感器布设（单位：mm）

图 5.22 展示了在整个试验过程中，两个 FLDS1.0 中的光损耗与荷载分布之间的非线性关系。在加载开始时，光纤环 1#的光损耗首先发生，其次是光纤环 2#和 3#，和前面岩层单剪切面滑动测试结果相同。此外，3 个光纤环的最终光损耗响应范围是这样的：光纤环 1#最大，

其次是光纤环 2#，光纤环 3#最小，这也证明了加载方向是从光纤环 1#对应的基材面到光纤环 3#对应的基材面。结果表明，FLDS1.0 可用于模型试验中的边坡滑移方向的确定，而与基材面垂直相交的滑移方向上的光纤环首先产生光损耗，且具有最大的光损耗响应。

在试验测试中，FLDS1.0 中的光纤环 1#最先产生光损耗，也是最后退出光损耗的，加载位移方向主要作用在光纤环 1#对应的基材面上。对光纤环 1#中的损耗数据进行位移反演，与坡肩处的位移进行比较，如图 5.23 所示。两个 FLDS1.0 得到的预测位移与坡肩处的位移随荷载分布的变化趋势基本相同，对应荷载分布下的内部和坡肩位移有些差异，但整体上差不多。在 0~20.58 kPa 荷载开始时，边坡土体压实程度不高，后缘出现拉裂缝，没有出现明显光损耗。当荷载大于 20.58 kPa 时，光损耗才开始明显产生，且随着荷载增加到 50.01 kPa 时，光损耗呈快速增加的趋势，边坡处于逐渐滑动阶段，边坡后缘拉裂缝加深。但在荷载超过 50.01 kPa 后，光损耗增加速度稍快，边坡发生快速滑动，最终失稳，加载区土体急剧下沉。

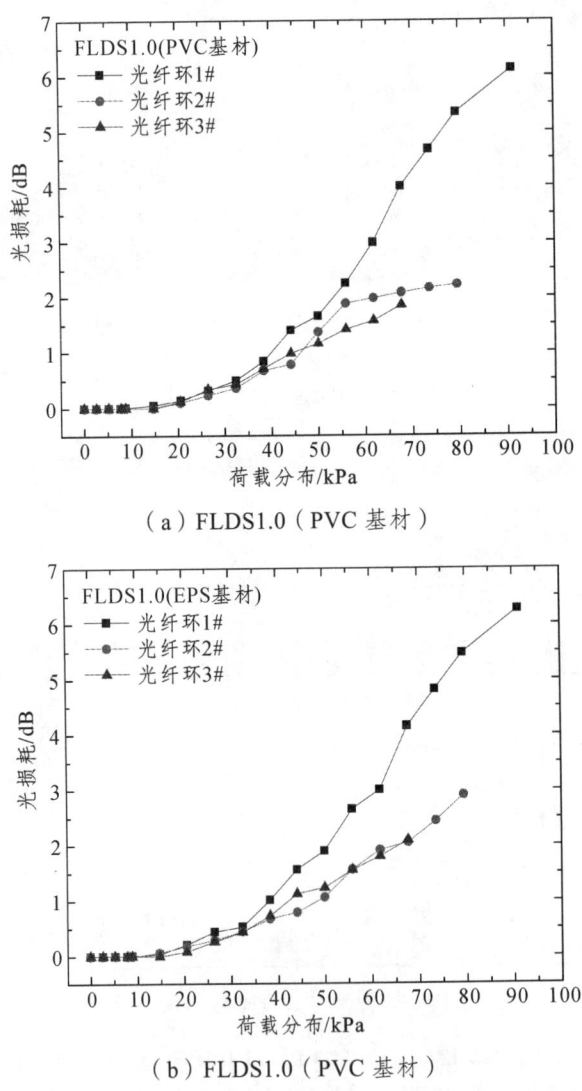

（a）FLDS1.0（PVC 基材）

（b）FLDS1.0（PVC 基材）

图 5.22　两个 FLDSs1.0 中的光损耗与荷载分布的关系（土体滑动破坏模型试验）

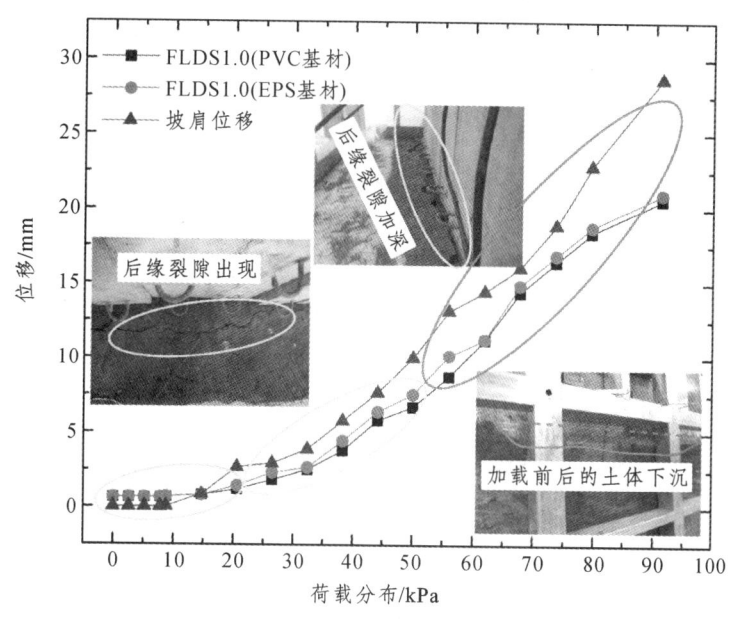

图 5.23 人工模型边坡滑动过程

5.2.5 光纤环位移传感器机理及适用特点

滑坡监测分为岩质边坡和土质边坡监测。对于土质边坡的监测，当滑动面以上土体位移较大且刚度比传感器周围浇筑的砂浆体刚度大时，土体和传感器变形基本协调一致，因此传感器中检测的变形是边坡的变形；但当滑动面以上土体位移较小且刚度不大时，传感器周围浇筑的砂浆体容易"剪开"运动的土体而使传感器检测变形信号微弱。而对于岩质边坡的监测，滑动体是整块刚度很大的岩石块体，岩体结构本身内部变形较小，而传感器周围浇筑的砂浆体由于刚度不大容易被破坏，岩质边坡沿着滑动面处剪切破坏传感装置，因此，传感器识别的位移即是边坡的变形。光纤位移传感器理论上在滑移面处受到剪切变形，同时滑坡滑动过程中下端被嵌固在稳定岩层中没有发生变形，可视为一个悬臂梁结构。FLDS1.0、FLDS2.0和 FLDS3.0 在剪切滑动过程中的变形机理如图 5.24 所示。

由于 OTDR 可以测出整个光纤线路上的缺陷位置点、损耗分布情况等，与光纤环传感器连接后进行预通检验，可以测量出每个编号光纤环的位置和初始损耗。边坡发生滑动时，埋设在其中的传感器受到下滑力作用不断弯曲变形，最终沿滑动面处剪切破坏，整个过程中毛细钢管与土体同时变形，毛细钢管中的光纤也发生相应的变形量，导致传感器端部的光纤环尺寸缩小，产生大量的弯曲损耗，被检测到。

1. 对于垂直剪切面的滑坡破坏状态

FLDS1.0 及 FLDS2.0 组成部分包括基材体，毛细钢管附着在基材表面上。由图 5.24（a）可知：当岩土体沿着滑动面处发生变形 l_{AB} 时，基材体在滑动面处也发生变形，从而导致基材面上的毛细钢管发生剪切变形 S。基材体本身具有一定刚度和塑性，所以滑动面处的毛细钢管变形向量不平行于滑动面，实际变形量为：

$$S = \widehat{hk} + l_{km} + \widehat{mn} - l_{hA} - l_{Bn} \leqslant l_{AB} \tag{5.18a}$$

$$l_{AB} = l_{Ak} + l_{km} + l_{mB} \quad (5.18b)$$

根据定理三角形两边之和大于第三边,岩土体在滑动面处的位移 l_{AB} 小于或等于毛细钢管的变形 S。

FLDS3.0 的构造组成是 ABS 塑料管内套着毛细钢管被浇筑在砂浆体中间。由图 5.24(b)可知:当岩土体沿着滑动面处发生变形 l_{AB} 时,ABS 塑料管在滑动面处被剪坏,导致内部的毛细钢管沿着滑动面处发生剪切变形 S。滑动体刚度较大,所以在滑动面处的毛细钢管的变形向量基本平行于滑动面,则岩土体在滑动面处的位移 l_{AB} 大致等于毛细钢管的变形 S。

2. 对于倾斜剪切面的滑坡破坏状态

而对于倾斜滑动面的滑坡破坏状态(图 5.20),前面作者也做了一些室内岩层滑动剪切测试。具体的概念示意图和剪切测试如图 5.24(c)所示,滑动面处的剪切位移 l_{AB} 和毛细钢管沿滑动面处的剪切变形 S 也满足公式(5.18)中的关系。岩土体在滑动面处的位移 l_{AB} 小于或等于毛细钢管的变形 S,与垂直剪切面的滑坡破坏时的光纤环位移传感器识别机理是一样的。

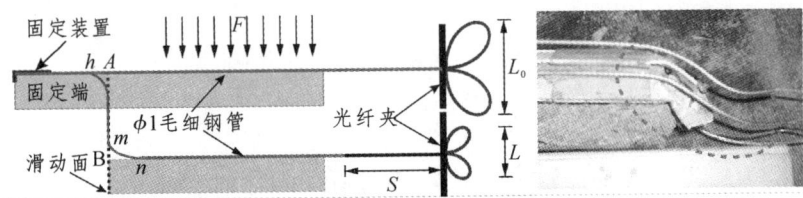

(a) FLDS1.0 和 FLDS2.0(垂直剪切面)

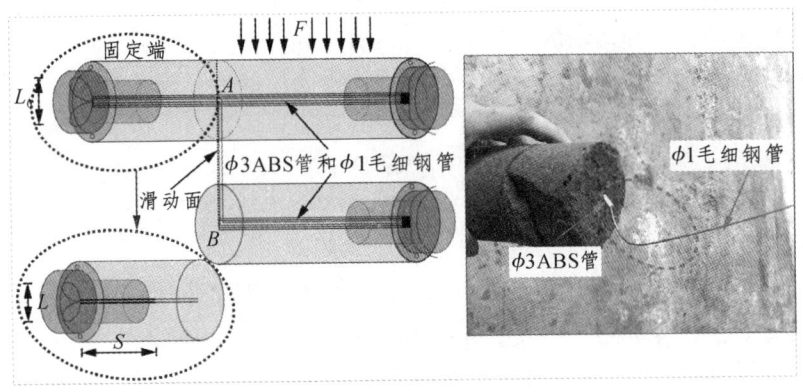

(b) FLDS3.0(垂直剪切面)

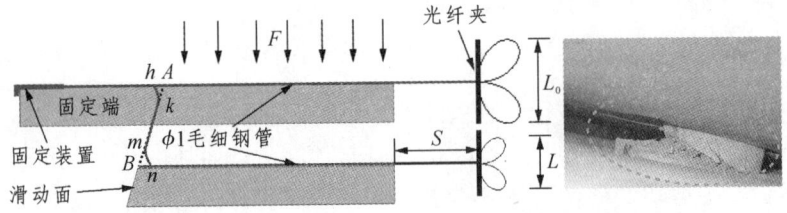

(c) FLDS1.0 和 FLDS2.0(倾斜剪切面)

图 5.24 光纤环位移传感器剪切破坏机理

3. 光纤环位移传感器的适用特点

本节提出了光纤环位移传感器系列（FLDS1.0、FLDS2.0 和 FLDS3.0 及其准分布式系统），并且开展了一系列模型试验。试验证明：FLDS1.0 可以用来判断岩层滑动变形及主要滑动方向，限制于岩层单滑动面状态变形的识别；FLDS2.0 则可以用来确定岩层双滑动面变形情况。FLDS1.0 和 FLDS2.0 对光纤环调制机制的保护设计有局限性，无法满足现场使用中的稳健性，适用于室内模型试验的测试。FLDS3.0 及其准分布式系统可以诊断出岩层单/双滑动面变形状态。此外，对光纤环调制机制进行了有效的保护设计，且 FLDS3.0 可以串联使用，适用于模型试验及现场岩土体的变形监测。

5.3 边坡内部分布式变形光纤监测技术

最近兴起的弱反射光纤光栅技术除了具备传统光纤光栅特点外，还可提供大规模光纤光栅阵列传感网络，从而实现分布式测量，可以替代传统的强反射光纤光栅或者解调成本高昂的 BOTDR、BOTDA 和 BOFDA 等分布式光纤技术。因此，作者采用弱反射光纤光栅技术，结合 PPR 管为载体制作成应变管用于深部测斜。

5.3.1 深部测斜光纤光栅应变管制作

1. 大规模光纤传感对光栅阵列的要求

光栅是刻制在光纤纤芯中的一小微段，可感应到外界温度和应变的变化，严格意义上讲是单点式测量，但却和传统的监测仪器不同，可以进行阵列布置以实现准分布式或分布式传感。本章采用弱反射光纤光栅进行混合复用来拓展阵列的规模，使单根光栅上复用光栅的数量达到数千个。但如此庞大数量的光栅串接在一根光栅上，要对它们中的每个光栅进行有效的管理和监测，是一个相对复杂的系统工程，需要综合考虑阵列的封装、布设及解调等多种因素，从光学、机械等角度对光栅及传输光纤提出了严格的技术要求。具体而言，涉及光纤的传输损耗与光栅的反射率、峰值波长、耦合效率等多个技术参数要求：

1) 光纤的传输损耗

光纤是光源信号和光栅反射信号传输的基本媒介，传输损耗降低光源和反射信号的功率，直接影响光栅反射信号的强度。光纤的传输损耗越低，可承载的光栅数量越大，感测距离越长。

2) 光栅反射率与插入损耗

由时分复用阵列传感特性分析可知，高反射率光栅之间存在严重的串扰噪声，这种固有的噪声特性限制了阵列的规模，只有大幅度降低光栅的反射率才能提升时分复用阵列的复用数量。但较低的光栅反射率意味着较低的反射有效信号强度，这会给信号检测带来困难，需要根据系统的检测能力和阵列规模的要求，合理设计光栅的反射率。此外，研究表明[170]，光栅反射率越高，信号在经过光栅时的附加能量损失越大，即光栅器件的插入损耗越大。强反射率光栅的插入损耗可以达到 0.1 dB，这将造成不可忽略的能量损失。试验研究表明，对于 −35 dB 的弱光纤光栅，当阵列规模小于 1 000 个时，其累积插入损耗小于 1.0 dB，工程设计中基本可以忽略。

3）反射率一致性

光栅反射率的高低，直接决定反射信号的强度。在理想的光栅阵列中，反射率可以根据光栅离探测器的远近，依次提升，从而在接收端获得来自不同位置光栅反射的等强度信号。但在实际制备过程中，很难控制光栅反射率的规则变化，甚至在大多数情况下，光栅阵列的反射率都会出现随机波动。如果这种反射率波动的幅度过大，在探测器端接收到的信号功率也会大幅波动，从而要求探测器具有较大的动态工作范围来保证系统正常工作；此外，在进行系统功率预算时，为了保证所有光栅正常工作，系统功率的预算必须按最低反射率光栅进行分配。目前，一些新兴的技术，如动态功率补偿等，能在一定程度上改善光栅反射率波动的影响，但其在传感系统中的适用性还有待研究。

4）峰值波长一致性

在时分光栅阵列特性分析中，假定所有光栅严格一致的峰值波长，理论上会产生阴影效应，即下游光栅的反射信号出现"平顶"，导致附加的信号波长判断误差。峰值波长相对离散，能减弱阴影效应的影响，但会占用一定的带宽。采用波长扫描法查询时，离散的波长分布意味着扫描光源工作的范围增加，这会延长单次查询的时间。因此，在全同光栅制备过程中，峰值波长的一致性需要控制在较小的范围内。但在实际工程设计中，需要综合考虑波长一致性、可用带宽以及查询方法等之间的相互制约。

5）边模抑制比

边模抑制比是衡量纵模性能的一个重要指标。边模抑制比越大，意味着光信噪比越大，有效信号提取越准确。一般要求光栅的边模抑制比大于 10 dB。

6）光栅间距的一致性

光栅间距的一致性用于描述相邻光栅之间间隔变化的大小，理想的时分阵列，其间距设为恒定值。但在实际光栅制备过程中，受工艺参数波动的影响，制备出的光栅间距可能在一定范围内小幅波动。这可能会对光栅快速查询及定位带来影响。通常希望光栅阵列的间距具有良好的一致性。

除了以上指标要求外，考虑到带宽的利用率问题，传感网络还可能对 3 dB 带宽、光谱对称性等指标提出要求。这些指标都和选材及光栅的制备工艺密切相关。

2. 光纤光栅传感器的应变传递特性

表面粘贴式光栅传感器是光栅最常用的传感工艺，实施简单，干扰性小，在具体应用中是一个巨大优势。对于表面粘贴式光栅传感器，封装层应该能承受环境因素的作用且忽略和基体材料集成时的影响。在结构应变监测或者传感器设计中，通常需将光纤光栅粘贴于被测对象或者弹性体表面，进而实时感知被测体对应的应变值。裸光纤光栅被附着在基体结构表面上，引入黏结层和保护层进行封装制成传感器件时，因为黏结材料的存在导致光纤光栅中测量应变与基体结构上产生的应变不一致，准确来说是结构真实应变没有完全传递到光纤光栅上。因此，需要对表面粘贴式光栅传感器的应变传递率影响因素进行分析。

对于光纤光栅界面应变传递这一问题，基于不同的假设，国内外学者 Park[171]、Ansari[172]、周智[173]、李东升[174]和张桂花[175]等进行了大量类似研究工作。然而，他们得到的结论是基本一致的：

应变传递效率发生改变是因为黏结层材料的加入，因此黏结层材料本身的弹性模量，黏结厚度、长度和宽度等均对应变传递效果有一定影响。黏结剂弹性模量越大，黏结层厚度越薄、长度越长、宽度越大，应变传递上就会越充分，但并非黏结层厚度超薄、长度超长、宽度超宽为最佳。黏结层厚度太薄会让光栅粘贴不够牢靠；黏结层长度达到一定阈值后对应变传递效率的影响不大，而太长会导致测量点不够精准，建议在 3~4 cm 范围内；黏结宽度建议在 0.2~1.2 cm 之间。因此，对于表面粘贴式光栅传感器，在保证光栅粘贴牢靠的前提下，应该尽量增加黏结层宽度和长度、降低黏结层厚度，让应变传递更充分。

3. 光纤光栅应变管的结构设计

测斜管是目前深部位移监测中最常见的测量设备，同测斜仪一起使用，但存在的主要缺陷是测量精度较低，数据采集受人为因素和现场环境制约，而且其自动化、数字化程度较低，不能对边坡实现远程、实时监测。根据已有的测斜管测量方法及光纤光栅传感器对应变和温度的高灵敏度特性，本章以 PPR 管为载体和以弱反射光纤光栅为传感媒介结合形成光纤光栅应变管。

本章提出的光纤光栅应变管主要由 PPR 管、弱反射光纤光栅传感器及标准的 FC/APC 光纤接头组成。应用的管材种类较多，主要是 PPR、PVC 和铝合金材料。PPR 材料相比于 PVC 材料的弹塑性好，在滑坡体变形乃至破坏过程中不易发生脆性破坏；而相比于铝合金管材，则 PPR 材料适用于各种不同岩土体及灌浆材料，抗腐蚀性能高。在实际工程中，边坡一般沿坡面由上而下发生滑坡，没有沿左右方向上滑动的。如图 5.25，光纤光栅阵列沿 PPR 变形管周向间隔 180°对称布置。变形管发生弯曲时，沿管截面中性轴对称布置的光栅测点处会产生大小相等的拉压应变，光纤光栅也会产生相应的波长漂移。对正负拉压应变下引起的光栅波长漂移进行差值处理，就可以消除温度引起应变效应，实现温度自补偿；此外，还可以取均值降低数据测量误差，提高测量结果的可靠性。通过变形管中随岩土体侧向变形产生的纵向应变分布，来反推变形管的侧向变形分布，沿管表面布置的光纤光栅传感器实时感测管的弯曲应变，从而对变形进行实时监控。

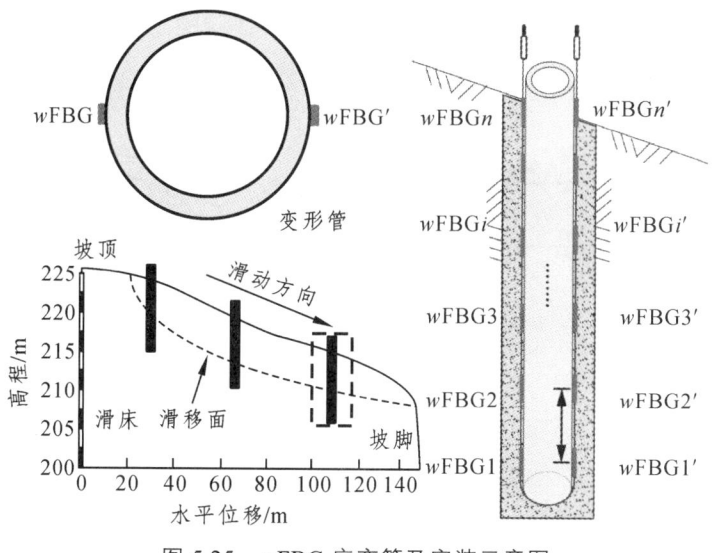

图 5.25 wFBG 应变管及安装示意图

5.3.2 光纤光栅应变管的特性分析

1. 温度补偿问题

由前文分析可知,光纤光栅对外界温度和应变都较为敏感,本章利用光纤光栅应变管来监测边坡位移,主要的监测值是应变值,因此需要考虑到温度补偿问题。为了消除温度的影响,比较常见的方法就是额外采用一些自由应变状态的光纤光栅来监测温度场变化。这种方法针对于室内模型试验效果甚佳,但是在现场深部岩土体中的温度随地下深度的改变是不一样的,和地面温度相差更远。因此作者在变形管的截面上下对称布设有光纤光栅传感器来进行温度补偿考虑,在同一截面处的光纤光栅波长漂移与应变及温度的关系可表示为:

$$\frac{\Delta \lambda_{wFBGi}}{\lambda_B} = K_T \Delta T + K_\varepsilon \varepsilon_{wFBGi} \tag{5.19a}$$

$$\frac{\Delta \lambda_{wFBGi'}}{\lambda_B} = K_T \Delta T + K_\varepsilon \varepsilon_{wFBGi'} \tag{5.19b}$$

式中:$\Delta \lambda_{wFBGi}$ 和 $\Delta \lambda_{wFBGi'}$ 是变形管表面对称布设的光纤光栅波长漂移值;ε_{wFBGi} 和 $\varepsilon_{wFBGi'}$ 是变形管表面对称光纤光栅所施加的应变值。

结合式(5.19a)和(5.19b),可消除温度对光纤光栅应变的影响,表达式为:

$$\frac{\Delta \lambda_{wFBGi} - \Delta \lambda_{wFBGi'}}{\lambda_B} = K_\varepsilon (\varepsilon_{wFBGi} - \varepsilon_{wFBGi'}) \tag{5.20}$$

2. 滑移量计算

如图 5.26 所示,光纤光栅应变管变形后,某一截面表面上任意一点应变 $\varepsilon(x)$ 与曲率半径 $\rho(x)$ 的关系可表示为:

$$\frac{\varepsilon(x)}{r} = \frac{1}{\rho(x)} \tag{5.21}$$

式中:r 是应变测点到截面中心轴的距离。

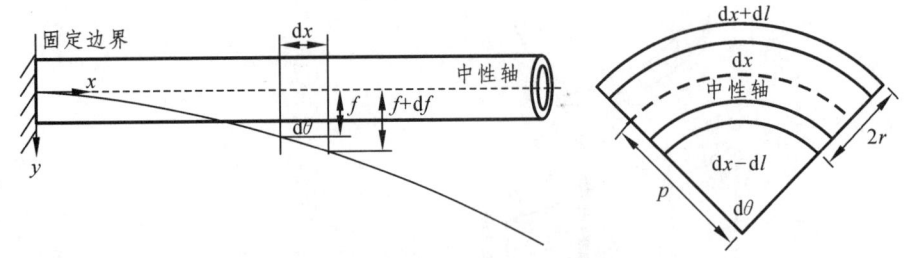

图 5.26 截面位移曲率简图

材料结构的曲率半径 $\rho(x)$ 与挠度值 $f(x)$ 之间又可以表示为:

$$\frac{1}{\rho(x)} = \frac{d^2 f(x)}{dx^2} \tag{5.22}$$

结合式（5.21）、式（5.22），得到变形管上任意一点处挠度 $f(x)$ 与应变 $\varepsilon(x)$ 关系：

$$f(x) = \frac{1}{r}\iint \varepsilon(x)\mathrm{d}x\mathrm{d}x \tag{5.23}$$

这样就建立了沿变形管长度方向各处应变与挠度的定量关系式。

5.3.3 光纤光栅应变管的变形计算方法

1. 应变-位移转化的共轭梁法

共轭梁法在1921年首次由Westergaard[176]提出，它需要与矩面积定理相同的计算量来确定梁的变形。作为矩面积定理的一个延伸，共轭梁法在研究各种荷载下梁的变形的基础上，通过几何条件去确定其转角和挠度。

在实际的滑坡监测中，作用在光纤光栅应变管上的荷载总是未知或难以测量的，因此必须设法模拟出实际梁中的随机荷载条件。共轭梁法是一种非常通用的用来计算梁的挠度和转角的理论方法，可以解决结构受未知荷载的弯曲变形问题。梁上荷载、剪力和弯矩之间的关系如下：

$$\frac{\mathrm{d}^2 M(x)}{\mathrm{d}x^2} = \frac{\mathrm{d}V(x)}{\mathrm{d}x} = -q(x) \tag{5.24}$$

类似地，可以得到梁的挠度、转角和弯矩之间的关系如下：

$$\frac{\mathrm{d}^2 w(x)}{\mathrm{d}x^2} = \frac{\mathrm{d}\theta(x)}{\mathrm{d}x} = -\frac{M(x)}{EI} \tag{5.25}$$

式中：$M(x)$、$V(x)$、$q(x)$、$w(x)$ 和 $\theta(x)$ 分别是原梁中的弯矩分布、剪力分布、荷载分布、挠度和转角。EI 是梁的截面抗弯刚度。

对比方程组（5.24）和（5.25），如果 $M(x)/EI$ 是共轭虚梁上的荷载分布，则由此产生的剪力和弯矩刚好代表原梁上的转角和挠度，这种假想的梁称为共轭虚梁，并且结构尺寸与原梁相同。

因此利用应变分布计算曲率分布，既可等效共轭梁的荷载分布，又可模拟原梁中随机荷载分布，如下式（共轭梁参数以上角标"*"表示，单元参数均值用参数上加"—"表示）：

$$k(x) = \frac{M(x)}{EI} = \frac{\varepsilon(x)}{r} = q^*(x) \tag{5.26}$$

式中：$k(x)$ 和 $\varepsilon(x)$ 分别是原梁中的曲率分布和应变分布；r 为原梁上传感器测点位置到截面中和轴的距离；$q^*(x)$ 为共轭梁中的等效荷载集度。

悬臂梁模型如图5.27所示，由于悬臂梁边界条件的共轭条件是反过来的悬臂梁，设梁全长为 l，梁截面统一抗弯刚度为 EI，沿长度方向将梁划分为个 n 单元，则单元长度为 $h=l/n$，每个单元两端有应变测点 x_i、x_{i+1}（假定固定端为坐标原点，设为 $x_1=0$），则 $x_i=(i-1)h$，第 i 个单元两端的曲率可表示为：

$$k(x_i) = \frac{M(x_i)}{EI} = \frac{\varepsilon(x_i)}{r} = q^*(x_i) \quad (i=1\sim n) \quad (5.27a)$$

$$k(x_{i+1}) = \frac{M(x_{i+1})}{EI} = \frac{\varepsilon(x_{i+1})}{r} = q^*(x_{i+1}) \quad (i=1\sim n) \quad (5.27b)$$

共轭梁中第 i 个单元的平均等效荷载分布可表示为：

$$\overline{q_i^*} = 0.5[q^*(x_i) + q^*(x_{i+1})] = \frac{1}{2r}[\varepsilon(x_i) + \varepsilon(x_{i+1})] \quad (5.28)$$

根据式（5.28）容易求出共轭梁上第 p、$p+1$ 单元（$1 \leq p \leq n-1$）分界点处弯矩 $M^*(x_{p+1})$ 为：

$$\begin{aligned} M^*(x_{p+1}) &= \frac{1}{2}\overline{q_p^*}h^2 + \left(\frac{1}{2}+1\right)\overline{q_{p-1}^*}h^2 + \left(\frac{1}{2}+2\right)\overline{q_{p-2}^*}h^2 + \cdots + \left(\frac{1}{2}+p-i\right)\overline{q_1^*}h^2 \\ &= h^2\sum_{i=1}^{p}\overline{q_i^*}\left(\frac{1}{2}+p-i\right) \\ &= h^2\sum_{i=1}^{p}\frac{[\varepsilon(x_i)+\varepsilon(x_{i+1})]}{2r}\left(\frac{1}{2}+p-i\right) \quad (p=1\sim n-1) \end{aligned} \quad (5.29)$$

将 $h = l/n$ 代入式（5.29）中可以解得原梁对应点处的变形 $f(x_{p+1})$：

$$f(x_{p+1}) = M^*(x_{p+1}) = \frac{l^2}{n^2}\sum_{i=1}^{p}\frac{[\varepsilon(x_i)+\varepsilon(x_{i+1})]}{2r}\left(\frac{1}{2}+p-i\right) \quad (5.30)$$

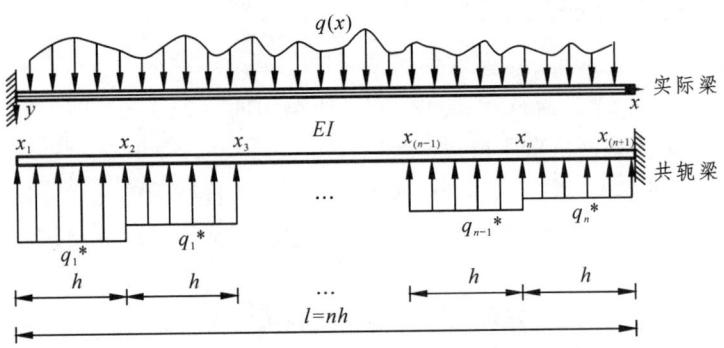

图 5.27　悬臂梁及其共轭梁模型

2. 应变-位移转化的复化辛普森法

在图 5.25 及图 5.26 中，光纤光栅应变管测试数据点数为 n，测点间隔距离为 h，定义应变管底端为坐标原点，底部监测点为 $x_0 = 0$，沿变形管轴线的各个光栅监测点位置标记为 x_i 和 $x_{i+0.5}$，则

$$x_i = 2ih, \quad x_{i+1/2} = x_i + h \left(h = \frac{l}{n-1}, i = 0,1,2,\cdots,\frac{n-1}{2}\text{取整数}\right) \quad (5.31)$$

应变管上不同位置挠曲应变为 $\varepsilon(x_i)$，各测点到截面中性轴的距离为 r。基于复化辛普森

积分公式，式（5.23）可表示为：

$$f(x_k) = \int_0^{x_k} \int_0^x \left[-\frac{\varepsilon(x)}{r} \right] \mathrm{d}x \mathrm{d}x$$

$$= -\frac{2h}{6r} \left[\int_0^{x_0} \varepsilon(x)\mathrm{d}x + 4\sum_{i=0}^{k-1} \int_0^{x_{i+0.5}} \varepsilon(x)\mathrm{d}x + 2\sum_{i=1}^{k-1} \int_0^{x_i} \varepsilon(x)\mathrm{d}x + \int_0^{x_k} \varepsilon(x)\mathrm{d}x \right] \quad (5.32)$$

下面分别对式（5.32）中的 $\sum_{i=0}^{k-1} \int_0^{x_{i+0.5}} \varepsilon(x)\mathrm{d}x$、$\sum_{i=1}^{k-1} \int_0^{x_i} \varepsilon(x)\mathrm{d}x$、$\int_0^{x_k} \varepsilon(x)\mathrm{d}x$ 进行求解：

$$\sum_{i=0}^{k-1} \int_0^{x_{i+0.5}} \varepsilon(x)\mathrm{d}x = \int_0^{x_{0.5}} \varepsilon(x)\mathrm{d}x + \int_0^{x_{1.5}} \varepsilon(x)\mathrm{d}x + \cdots + \int_0^{x_{(2k-1)/2}} \varepsilon(x)\mathrm{d}x$$

$$= \frac{h}{2}[\varepsilon(0) + \varepsilon(x_{0.5})] + \int_0^{x_1} \varepsilon(x)\mathrm{d}x + \frac{h}{2}[\varepsilon(x_1) + \varepsilon(x_{1.5})] + \cdots +$$

$$\int_0^{x_{k-1}} \varepsilon(x)\mathrm{d}x + \frac{h}{2}[\varepsilon(x_{k-1}) + \varepsilon(z_{(2k-1)/2})]$$

$$= \frac{h}{2}\left[\varepsilon(0) + \sum_{i=1}^{k-1} \varepsilon(x_i) + \sum_{i=0}^{k-1} \varepsilon(x_{i+0.5}) \right] + \sum_{i=1}^{k-1} \int_0^{x_k} \varepsilon(x)\mathrm{d}x \quad (5.33\mathrm{a})$$

$$\int_0^{x_k} \varepsilon(x)\mathrm{d}x = \int_0^{x_1} \varepsilon(x)\mathrm{d}x + \int_{x_1}^{x_2} \varepsilon(x)\mathrm{d}x + \cdots + \int_{x_{k-1}}^{x_k} \varepsilon(x)\mathrm{d}x$$

$$= \frac{2h}{6}[\varepsilon(0) + 4\varepsilon(x_{0.5}) + \varepsilon(x_1)] + \frac{2h}{6}[\varepsilon(x_1) + 4\varepsilon(x_{1.5}) + \varepsilon(x_2)] + \cdots +$$

$$\frac{2h}{6}[\varepsilon(x_{k-1}) + 4\varepsilon(x_{(2k-1)/2}) + \varepsilon(x_k)]$$

$$= \frac{h}{3}\left[\varepsilon(0) + \varepsilon(x_k) + 4\sum_{i=0}^{k-1} \varepsilon(x_{i+0.5}) + 2\sum_{i=1}^{k-1} \varepsilon(x_i) \right] \quad (5.33\mathrm{b})$$

$$\sum_{i=1}^{k-1} \int_0^{x_i} \varepsilon(x)\mathrm{d}x = \int_0^{x_1} \varepsilon(x)\mathrm{d}x + \int_0^{x_2} \varepsilon(x)\mathrm{d}x + \cdots + \int_0^{x_{k-1}} \varepsilon(x)\mathrm{d}x$$

$$= \frac{2h}{6}[\varepsilon(0) + \varepsilon(x_1) + 4\varepsilon(x_{0.5})] + \frac{2h}{6}\left[\varepsilon(0) + \varepsilon(x_2) + 4\sum_{i=0}^{1} \varepsilon(x_{i+0.5}) + 2\sum_{i=1}^{1} \varepsilon(x_i) \right] +$$

$$\cdots + \frac{2h}{6}\left[\varepsilon(0) + \varepsilon(x_{k-1}) + 4\sum_{i=0}^{k-2} \varepsilon(x_{i+0.5}) + 2\sum_{i=1}^{k-2} \varepsilon(x_i) \right]$$

$$= \frac{h}{3}\left[(k-1)\varepsilon(0) + \sum_{i=1}^{k-1} \varepsilon(x_i) + 2\sum_{i=1}^{k-2}(k-i-1)\varepsilon(x_i) + 4\sum_{i=0}^{k-2}(k-i-1)\varepsilon(x_{i+0.5}) \right]$$

$$(5.33\mathrm{c})$$

将式（5.33）代入式（5.32），则悬臂梁的挠曲曲线可以用离散形式写成如下：

$$f(x_k) = -\frac{2h}{6r}\left[\int_0^{x_0}\varepsilon(x)\mathrm{d}x + 4\sum_{i=0}^{k-1}\int_0^{x_{i+0.5}}\varepsilon(x)\mathrm{d}x + 2\sum_{i=1}^{k-1}\int_0^{x_i}\varepsilon(x)\mathrm{d}x + \int_0^{x_k}\varepsilon(x)\mathrm{d}x\right]$$

$$= -\frac{h^2}{9r}\left[(6k+1)\varepsilon(0) + \varepsilon(z_k) + 2\sum_{i=1}^{k-1}(6k-6i+1)\varepsilon(x_i) - 14\sum_{i=0}^{k-1}\varepsilon(x_{i+0.5}) + 24\sum_{i=0}^{k-1}(k-i)\varepsilon(x_{i+0.5})\right] \quad (5.34)$$

3. 应变-位移转化的差分法

光纤光栅应变管上有连续的测点，其位移变化可以看成连续变量，连续变量可以利用离散变量近似或者逼近。差分方程法反映的是离散变量的取值与变化规律，通过建立一个或几个离散变量取值所满足的平衡方程关系，就可以建立差分方程。如图 5.26 所示，距离变形管固定端 x 处的弯曲位移一阶和二阶差分方程为：

$$\Delta f = \frac{f_{x+h} - f_x}{h} \quad (5.35)$$

$$\Delta(\Delta f) = \frac{1}{h}\left(\frac{f_{x+2h} - f_{x+h}}{h} - \frac{f_{x+h} - f_x}{h}\right) = \frac{1}{h^2}(f_{x+2h} - 2f_{x+h} + f_x) \quad (5.36)$$

对于等截面的变形管，抗弯刚度 EI 是一致的，管的挠度与弯矩关系可表示为：

$$EIf''(x) = M(x) \quad (5.37)$$

结合式（5.35）、式（5.36）及式（5.37），得到管的弯曲位移二阶差分与测点应变关系可表示为：

$$\Delta(\Delta f) = \frac{1}{h^2}(f_{x+2h} - 2f_{x+h} + f_x) = \frac{M(x)}{EI} = \frac{\varepsilon_i}{r} \quad (5.38)$$

式（5.38）可以用矩阵方程表示为：

$$\frac{r}{h^2}\begin{bmatrix} 1 & -2 & 1 & 0 & \cdots & 0 \\ 0 & 1 & & \cdots & & 0 \\ \vdots & \vdots & & \ddots & & \vdots \\ 0 & \cdots & 0 & 1 & -2 & 1 \end{bmatrix}\begin{Bmatrix} f_x \\ f_{x+h} \\ \vdots \\ f_{x+(n+1)h} \end{Bmatrix} = \begin{Bmatrix} \varepsilon_1 \\ \varepsilon_2 \\ \vdots \\ \varepsilon_n \end{Bmatrix} \quad (5.39)$$

式中：f_x 和 f_{x+h} 是变形管固定端的位移，本公式是从固定端起第 2 个测点处的光纤光栅开始计算位移的；n 为测点处光纤光栅的数量；h 为相邻两测点之间的距离；$\varepsilon_i(i=1\sim n)$ 为从管底部数第 i 个光纤光栅监测到的应变值。变形管底部固定端为 $x=0$，$f_0 = f_h = 0$，式（5.39）中系数矩阵第一、二项可去掉，所以可改写为：

$$\frac{r}{h^2}\begin{bmatrix} 1 & 0 & \cdots & 0 \\ -2 & 1 & \cdots & 0 \\ \vdots & \vdots & \ddots & \vdots \\ & & & 0 \\ 0 & \cdots & 0 & 1 & -2 & 1 \end{bmatrix}\begin{Bmatrix} f_{2h} \\ f_{3h} \\ \vdots \\ f_{(n+1)h} \end{Bmatrix} = \begin{Bmatrix} \varepsilon_1 \\ \varepsilon_2 \\ \vdots \\ \varepsilon_n \end{Bmatrix} \quad (5.40)$$

式（5.39）中系数矩阵为方阵且可逆，通过求逆矩阵，可得到如下关系：

$$\begin{Bmatrix} f_{2h} \\ f_{3h} \\ \vdots \\ f_{(n+1)h} \end{Bmatrix} = \frac{h^2}{r} \begin{vmatrix} 1 & 0 & 0 & \cdots & 0 \\ -2 & 1 & & & \\ \vdots & \vdots & & & \vdots \\ 0 & \cdots & 0 & 1 & -2 & 1 \end{vmatrix}_{n \times n}^{-1} \begin{Bmatrix} \varepsilon_1 \\ \varepsilon_2 \\ \vdots \\ \varepsilon_n \end{Bmatrix} \quad (5.41)$$

4. 三种转化算法的数值比较分析

为了对上述计算方法进行对比分析，本节通过有限元数值模拟来讨论上述算法的特点与适用范围。首先利用商业软件 ANSYS 建立悬臂梁有限元模型，根据测点布置长度对管单元进行划分，施加荷载计算管受力变形状态，提取出每个管单元节点处的应变和挠度。数值模型的参数如下：选择内外径为 40 mm 和 50 mm 的 PPR 管为模拟测试对象，材料弹性模量 200 MPa，泊松比为 0.394，梁单元类型为 Structural Beam 4。模拟加载类型如图 5.28 所示，类型 1，变形无拐点；类型 2，变形有拐点。详细具体的管长度和单元划分表见表 5.3。由于数值模拟目的是提取管划分单元节点（测点）处的应变和位移值，同时利用应变-位移转化算法进行比较分析，所以在程序中相应位置测试节点处没有设置光纤光栅单元。

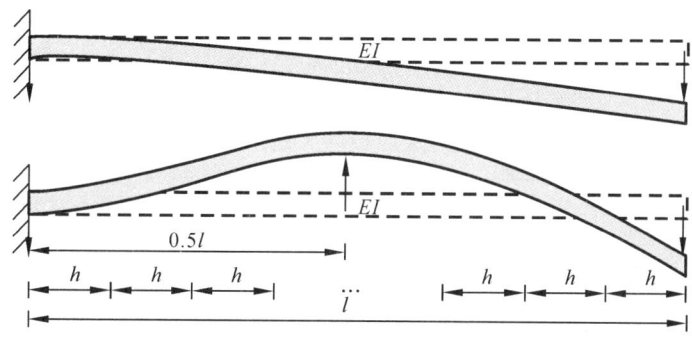

图 5.28　模拟加载类型

表 5.3　数值模拟工况

工况	l/h	管长 l/m	间距 h/m	类型 1	类型 2
Ⅰ	5	2.5	0.5		
Ⅱ	10	5.0	0.5		
		2.5	0.25	变形无拐点	变形有拐点
Ⅲ	20	10.0	0.5		
		5.0	0.25		
Ⅳ	40	20.0	0.5		
		10.0	0.25		

在每一种工况下都选取变形管单元节点处（相对应于光栅监测点）的应变值，分别采取差分法、共轭梁法和复化辛普森法计算位移，并与数值模拟情况进行对比，结果如图 5.29 所示。比较每一种工况下数值模拟位移与计算位移的相对误差，分析结果如图 5.30~图 5.32 所示。

由图 5.29 可知：l/h 值越大（即监测点越多）时，3 种计算方法得出的结果与模拟真实情况越接近，可见监测点数量对计算精度影响较大；l/h 值相同时，同一种计算方法在应变管的同一变形类型情况下得出的位移曲线基本相同，即布设点间距相对于管长相等时，用同一种计算方法获得的结果精度一样；相比于在类型2（有拐点变形）情况下，差分法在类型1（无拐点变形）情况下得到的结果精度较高，说明差分法计算受结构变形突变影响较大；在类型1和类型2两种变形情况下，共轭梁法和复化辛普森法计算得出的位移结果与数值模拟情况基本一致，计算精度较高，受结构变形突变影响较小，且明显都比差分法计算的误差小。

图 5.30 给出了由差分法得出的计算位移与数值模拟的相对误差。$l/h = 5.0$（监测点为5个）时，在类型1情况下，测点处的位移相对误差整体上偏大，都超过30%；在类型2情况下，相对误差整体上偏大，均在100%以上。$l/h = 10$（监测点为10个）时，在类型1情况下，相对误差整体上偏大，都超过15%；在类型2情况下，相对误差整体上偏大，均在60%以上。$l/h = 20$（监测点为10个）时，在类型1情况下，除靠近固定端的5个监测点的相对误差都超过20%外，在其他15个测点处的相对误差均在7%到20%之内；在类型2情况下，相对误差整体上偏大，都超过30%。$l/h = 40$（监测点为40个）时，在类型1情况下，除靠近固定端的5个监测点的相对误差在20%以上，在其他35个测点处的相对误差均在3%到20%之内，且误差整体上都偏小；在类型2情况下，相对误差整体上偏大，都超过15%。

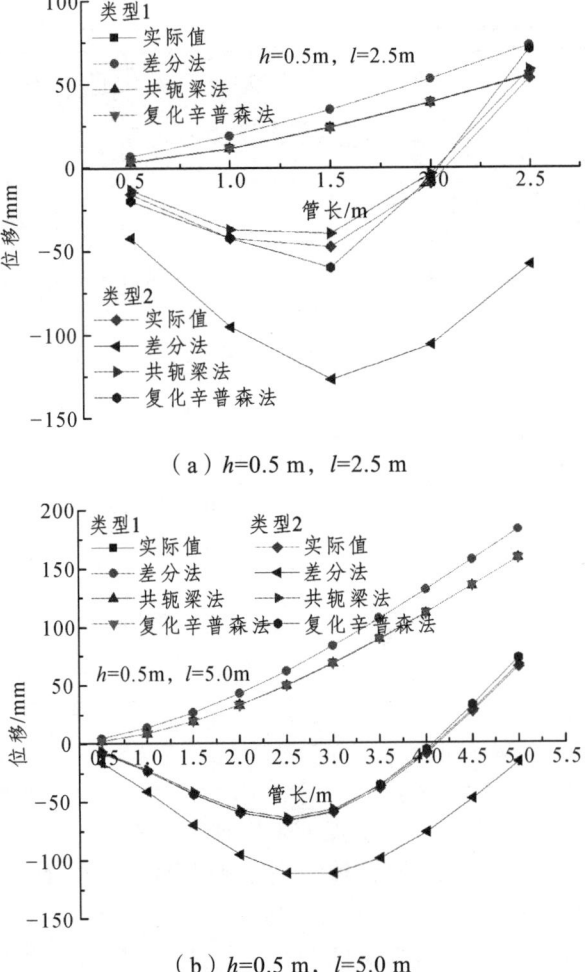

（a）h=0.5 m, l=2.5 m

（b）h=0.5 m, l=5.0 m

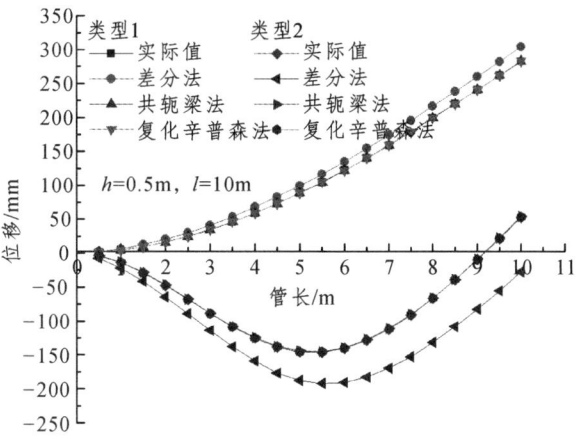

(c) $h=0.5$ m, $l=10$ m

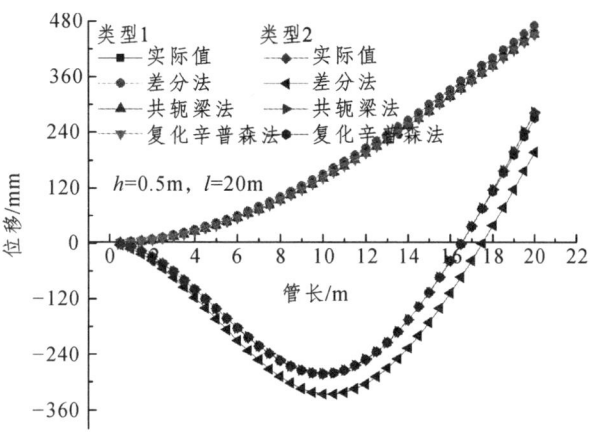

(d) $h=0.5$ m, $l=20$ m

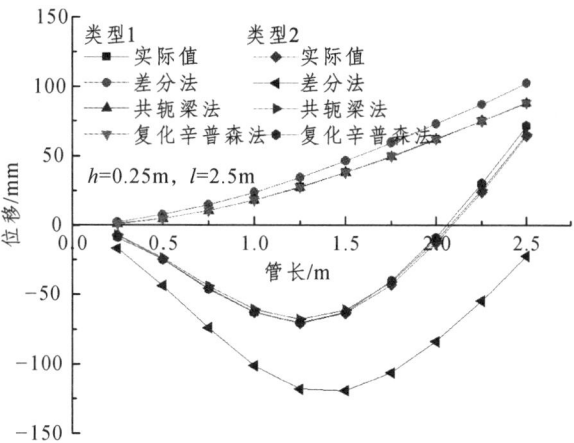

(e) $h=0.25$ m, $l=2.5$ m

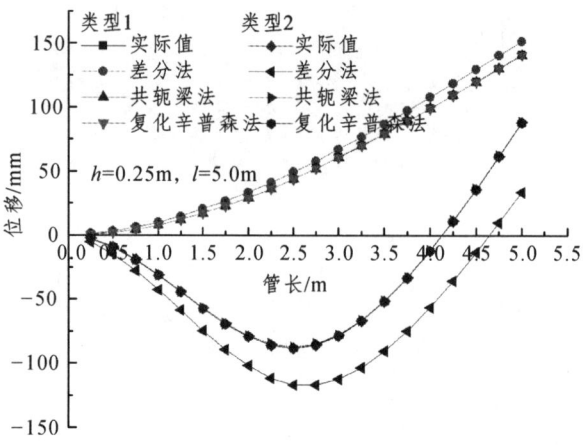

(f) $h=0.25$ m,$l=5.0$ m

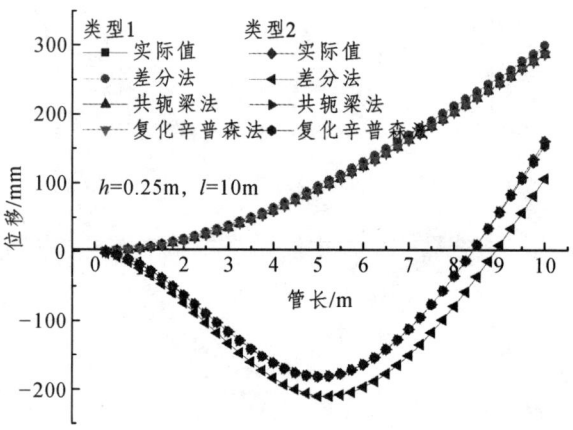

(g) $h=0.25$ m,$l=10$ m

图 5.29 不同工况下数值模拟位移与计算位移对比

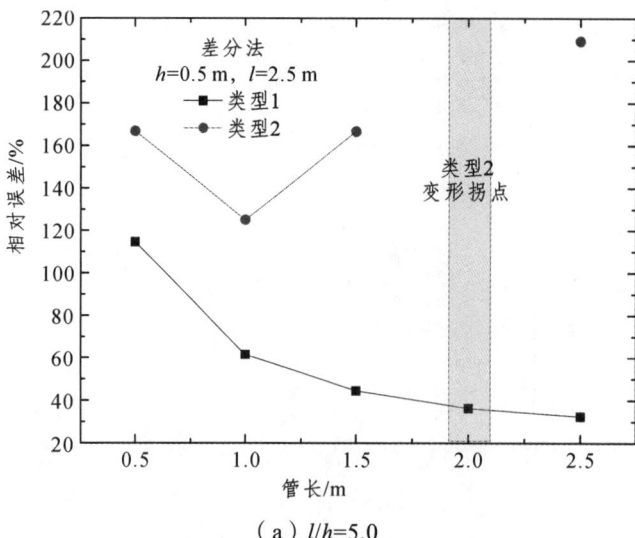

(a) $l/h=5.0$

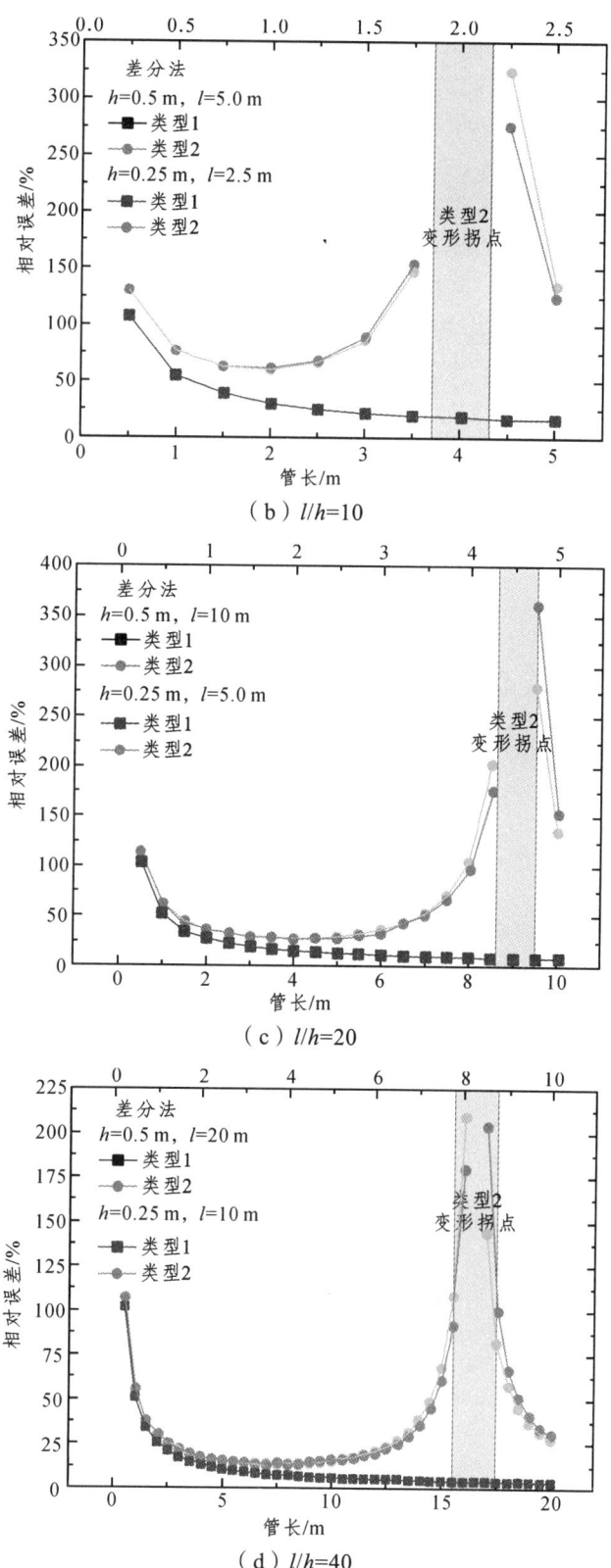

图 5.30 不同工况下数值模拟位移与差分法计算位移的误差对比

图 5.31 给出了由共轭梁法得出的计算位移与数值模拟的相对误差。$l/h=5.0$ 时，在类型 1 情况下，测点处的位移相对误差整体上偏小，在 5%以内；在类型 2 情况下，除拐点及附近处测点的相对误差较大且超过 50%外，在其他测点处的相对误差均在 20%以内。$l/h=10$ 时，在类型 1 情况下，相对误差整体上都偏小，均在 2%以内；在类型 2 情况下，除拐点及附近处测点的相对误差较大且超过 20%外，在其他测点处的相对误差均在 10%以内。$l/h=20$ 时，在类型 1 情况下，相对误差整体上偏小，都在 1%以内；在类型 2 情况下，除拐点及附近处测点的相对误差较大且超过 15%外，在其他测点处的相对误差均在 5%以内。$l/h=40$ 时，在类型 1 情况下，相对误差整体上偏小，都在 0.5%以内；在类型 2 情况下，除拐点及附近处测点的相对误差较大且超过 10%外，在其他测点处的相对误差均在 2.5%以内。

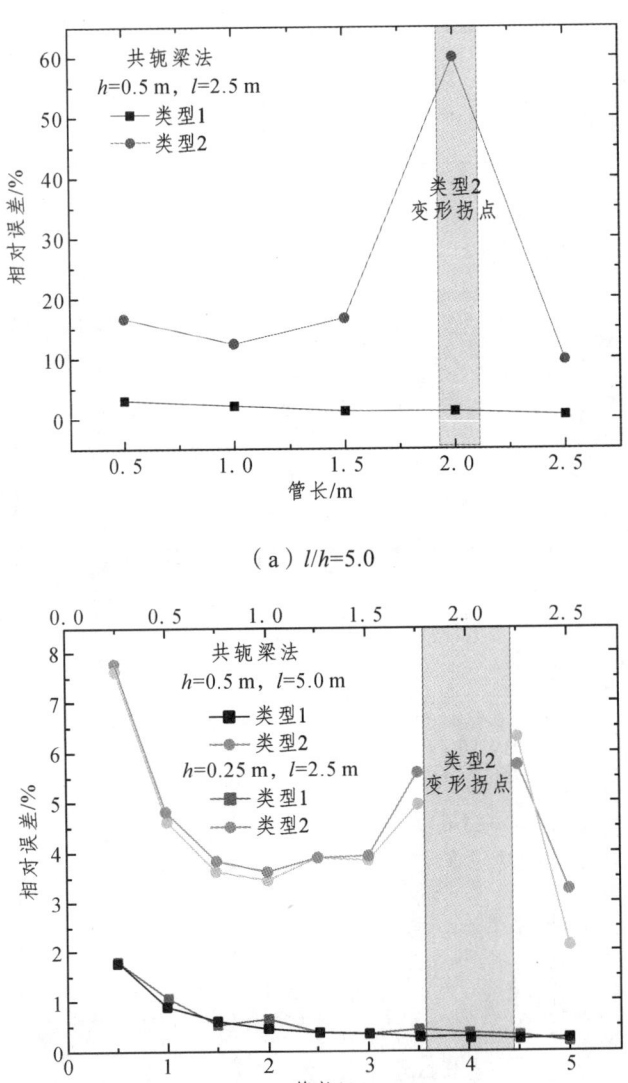

(a) $l/h=5.0$

(b) $l/h=10$

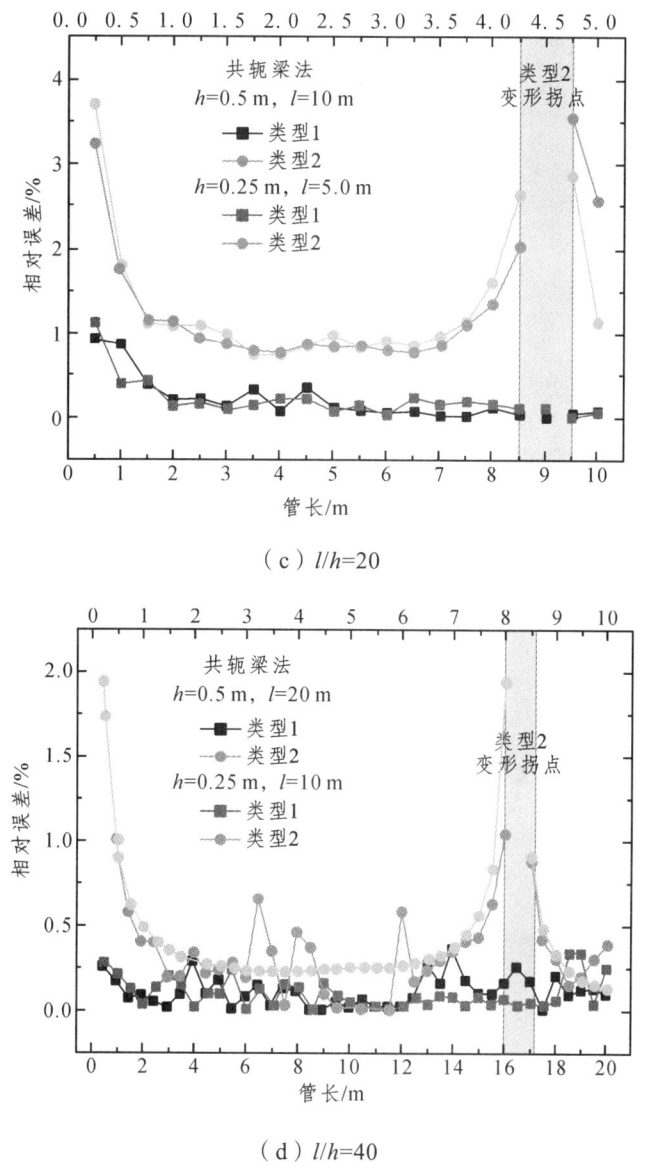

图 5.31 不同工况下数值模拟位移与共轭梁法计算位移的误差对比

图 5.32 给出了由复化辛普森法得出的计算位移与数值模拟的相对误差。$l/h=5.0$ 时，在类型 1 情况下，测点的位移相对误差整体上偏小，均在 15% 以内；在类型 2 情况下，相对误差整体上偏大，均在 35% 以内。$l/h=10$ 时，在类型 1 情况下，相对误差整体上（除固定端处外）偏小，均在 2% 以内；在类型 2 情况下，除固定端、拐点及附近处的测点相对误差较大且超过 12% 外，在其他测点处的相对误差均在 10% 以内。$l/h=20$ 时，在类型 1 情况下，相对误差整体上（除固定端处外）偏小，均在 1% 以内；在类型 2 情况下，除固定端处测点的相对误差在 12% 左右外，在其他测点处的相对误差均在 2% 以内。$l/h=40$ 时，在类型 1 情况下，相对误差整体上（除固定端处外）偏小，均在 0.5% 以内；在类型 2 情况下，除固定端、拐点及附近处测点的相对误差较大且超过 6% 外，在其他测点处的相对误差均在 1% 以内。

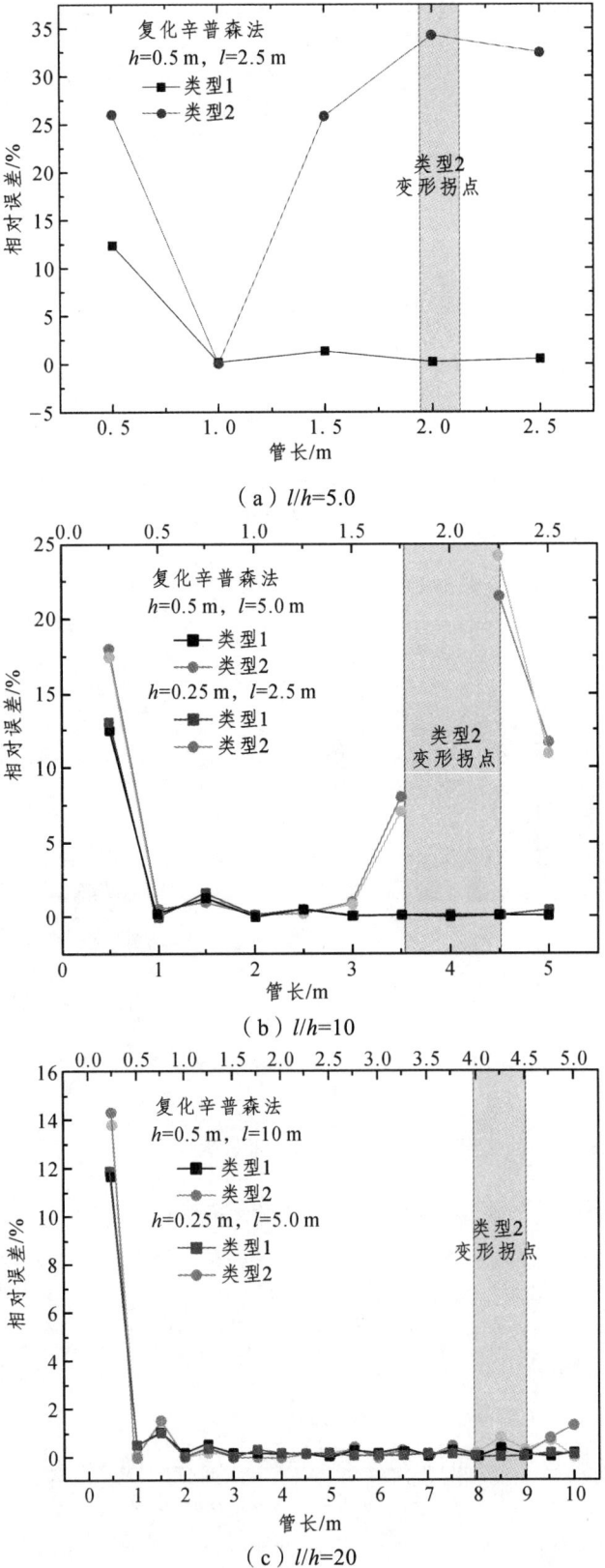

(a) $l/h=5.0$

(b) $l/h=10$

(c) $l/h=20$

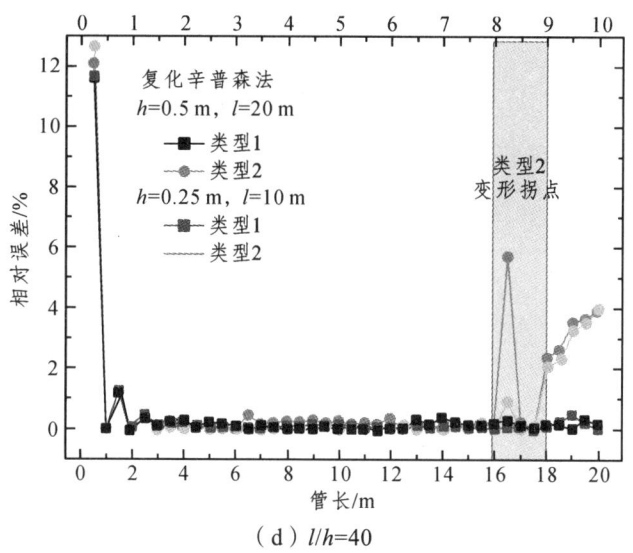

(d) $l/h=40$

图 5.32 不同工况下数值模拟位移与复化辛普森法计算位移的误差对比

由上述可知,当测量长度或测斜深度(即变形管长度)l一定时,监测点间距h越小,即监测点布设越多时,3 种计算方法精度均较高,也就是说无论管是否存在变形突变,较多的应变监测点都可以较大幅度地提高位移计算精度。但是,在固定端及拐点附近处,利用差分法、共轭梁法和复化辛普森法计算得出的相对误差均较大。差分法在$l/h>20$时且为类型 1 的变形情况下,即监测点超过 20 个且无变形突变时,计算精度较高,可以适用于光纤光栅应变管的变形计算。共轭梁法除在$l/h=5.0$及$l/h=10$且为类型 2 的变形情况下,即监测点在 10 个以内且有变形突变时,相对误差超过 10%之外,在其他情况下的相对误差整体上偏小,基本在 5%以内,计算适用性和精度较高。复化辛普森法除在固定端处测点、$l/h=5.0$及$l/h=10$且为类型 2 的变形情况下,即在固定端处以及监测点在 10 个以内且有变形突变时,相对误差超过 10%之外,在其他情况下的相对误差整体上偏小,基本也在 5%以内,计算适用性和精度较高。综上所述,3 种应变-位移转化方法在计算适用性和精确度上排名是:共轭梁法≥复化辛普森法>差分法。在后续光纤光栅应变管的位移监测中,建议采用共轭梁法或者复化辛普森法。

5.3.4 光纤光栅应变管的标定测试

由上文 5.3.2 节可知,光纤光栅粘贴在基体材料上封装制作成传感器时,因黏结材料和工艺技术、温度以及其他因素等,基体结构中的真实应变在传递过程中损失了部分,光纤光栅中测得的应变并非结构真实应变。因此,传感器的灵敏度系数不可以直接利用光栅出厂参数进行配置获得,需要通过试验标定,同时也为了验证 5.3.3 节中提出的共轭梁法结合光纤光栅应变管用于位移监测的可靠性,开展了如图 5.33 所示的室内标定测试。采用的阵列式弱反射光纤光栅串性能参数见表 5.4,由北京航空航天大学定制,光栅中心间距为 500 mm、被刻制在带包层的光纤上,相隔 180°对称粘贴在 PPR 管外表面上,并在应变管底部连接回线,形成 PPR 管侧面各串联 5 个光纤光栅的 2 通道传感线路。模型试验中的光纤光栅应变管,载体基材为 PPR 管,长度为 2 500 mm,内外径分别为 40 mm 和 50 mm。将光纤光栅应变管的一端固定在混凝土的块体中,另一端自由悬臂,如图 5.33 所示。在应变管上标出光栅和应变片定点标记（监测点间距为 500 mm）。在粘贴前，需要对应变管表面进行砂纸打磨和丙酮清洗，尽可能提高应变传递效率和保证粘贴牢固，减小试验误差。利用无影胶将光纤光栅段预拉处理后粘贴到应变管上下表面，共 2 组光栅串，每组 5 个光栅，同时在光纤光栅测点附近处粘贴上应变片用作对比监测，作好接线和保护措施，连接好光纤光栅解调仪和应变采集仪装置。分别记录试验中光栅应变传感器的波长变化、各测点处的应变值以及应变管的侧向位移。主要试验材料及设备见表 5.5。

表 5.4　弱光纤光栅参数

指标	参数
中心波长/nm	1 541、1 544、1 548、1 553、1 557
反射率/%	≤0.1
光栅直径/mm	0.5

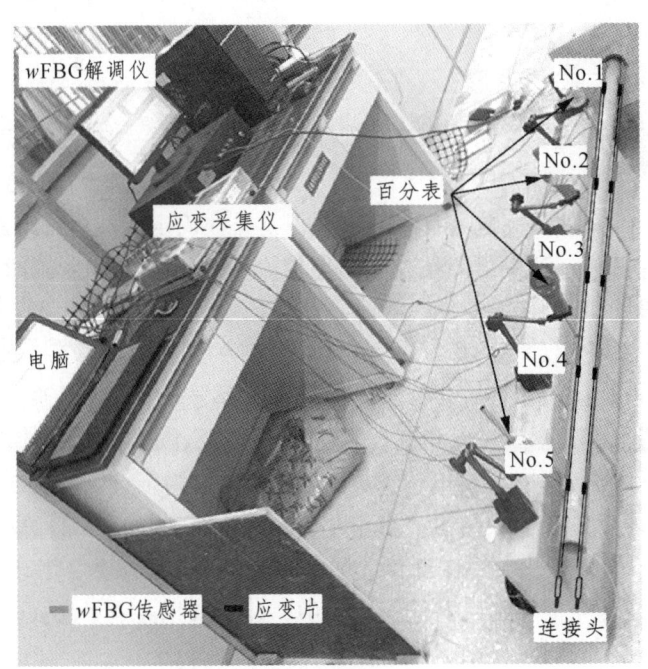

图 5.33　wFBG 应变管的标定试验

表 5.5　试验主要设备和材料一览表

序号	设备/材料名称	型号	厂家/产地
1	弱光纤光栅解调仪	一体机及组装机	三峡大学
2	应变采集仪	DH3818N	江苏东华测试技术股份有限公司
3	弱反射光纤光栅	5 波长差、外径 0.5 mm	北京航空航天大学
4	应变片	BFH120-3AA-D150	益阳市赫山区广测电子有限公司
5	PPR 管	外径 50 mm	重庆市建材市场
6	百分表	0~50 mm	成都川量工具有限公司

4个磁性铁架被固定在光纤光栅应变管侧边的混凝土块体上，对应着应变监测点位置，在磁性铁架上架设4个量程为50 mm的电子百分表。连接应变采集仪，按应变片编号把应变片顺次连接于应变采集仪上，对应变采集仪进行温度补偿设置及平衡清零操作。试验中所使用的弱反射光纤光栅解调仪是近年来新研发的仪器，由测量主机、显示器、用户软件以及相应的外部器件组成，有一体机和组装机两种机型，如图5.34所示，可以直接与传感光栅光纤连接，实现中心波长采集。它集光电、硬件、信号处理等技术于一体，具有良好的重复性和稳定性。该仪器的查询原理不同于王安波教授团队早期研发提出的波长扫描时分复用（WSTDM）查询方法[177]，而采用相敏查询方法，即利用两信号之间的相位进行查询解调，解调速度灵活，具有满足网络多样化需求的能力，可实现大规模阵列同时查询需求，有利于节省时间，操作简单。在光源选择上选择了扫描激光器SANTEC TSL-510A，可发射波长为1 260~1 360 nm的光源，实现全波段范围内连续扫描。光纤光栅解调仪连接时，将光栅NFC口用蘸有酒精的光学纸擦拭表面灰尘，待酒精挥发完全后，将NFC口插入光栅解调仪信号入口内，完成光栅串与解调仪连接，对光栅解调仪进行中心波长、幅值、电流等参数设置，使光纤光栅解调仪可以准确解调出光栅反射信号。

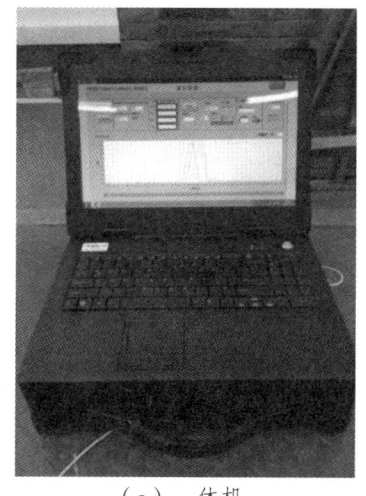
（a）一体机

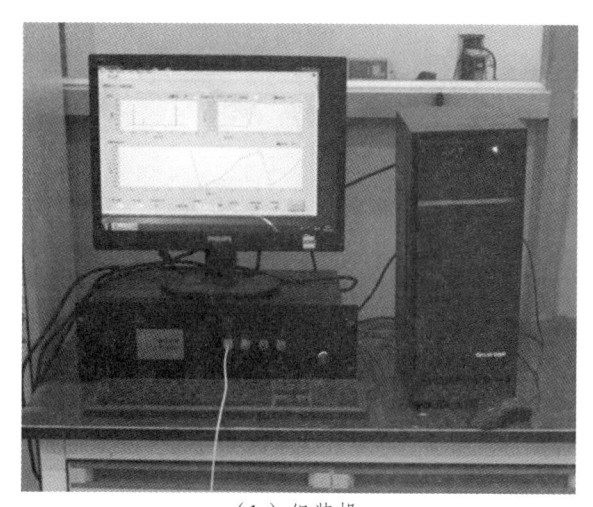
（b）组装机

图5.34　弱光纤光栅解调仪

　　试验中的应变管刚度较小，很小的荷载就会导致较大位移变化，故采用小质量砝码进行逐级加载，同时记录下每个荷载步后各个测点处的数据。试验加载到应变采集仪中的应变为800~1 000 με左右停止，重复加载试验2次。为保证测试的数据较稳定，加载过程中应尽量小心避免晃动。将两通道上间隔180°对应光纤光栅中波长漂移值相减取平均值，消除温度影响且提高数据准确性，处理后测试结果如图5.35所示。

　　在模型试验中，每一个光纤光栅传感器所获取的应变都是结构自身机械应变（包括轴向拉压应变和弯曲应变）以及温度因素影响的混合值，然而由于在PPR管圆环形截面上，应变测点呈180°对称布置，则对应测点离中性轴距离均相等，且都约等于半径。因此将同一截面的实测应变ε_i和$\varepsilon_{i'}$取均值，即可完成温度自补偿及多余应变的剔除，获取的物理参数即为应变管由于弯曲产生的应变值。最后，通过本章中提出的基于悬臂梁模型的应变-位移转化方法将应变转化为侧向位移。

图 5.35 展示了标定试验结果，应变管上所有测点处的光栅波长漂移与轴纵向应变关系曲线基本重合，且呈现出较好的线性相关关系，拟合相关系数 R^2 为 0.996。标定试验中应变管是悬臂变形状态且无变形突变，在自由端的位移最大，对应的应变最小，光栅中感知的波长漂移也就较小；在固定端处反之亦然。试验是在室内恒温环境下进行的，可认为温度对光栅波长漂移影响很小，且光纤光栅应变管在 180°对称布置光栅的结构设计上也消除了温度对光栅应变的影响。为了减小试验误差，标定试验重复进行了 2 次，取测试结果的平均值，可得到光纤光栅应变管的应变灵敏度系数为 0.913 pm/με。

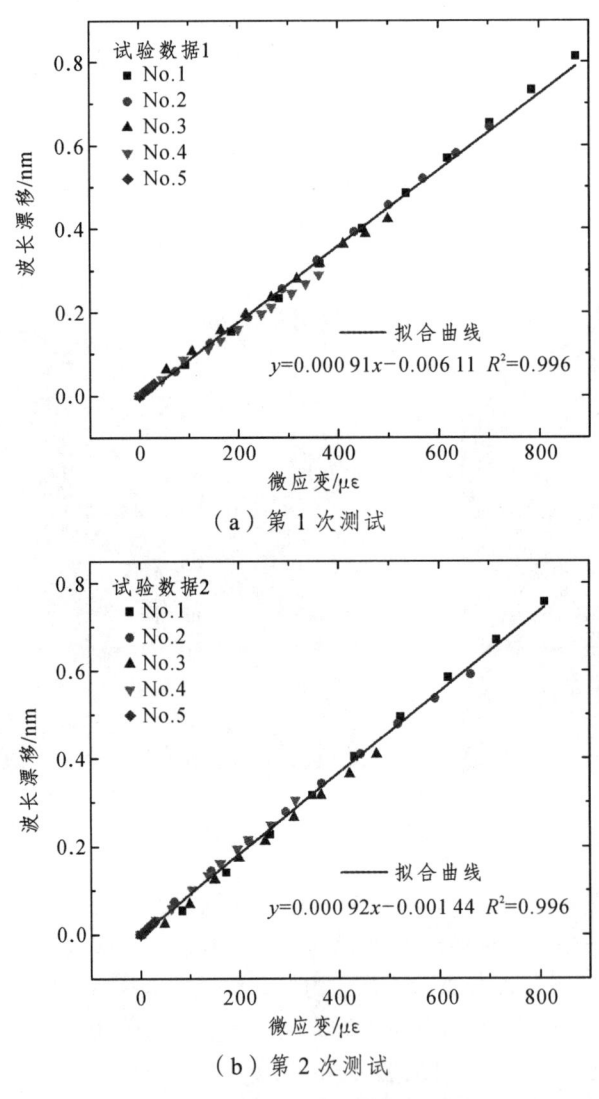

图 5.35 wFBG 应变管标定关系

从上文差分法、共轭梁法和复化辛普森法的比较分析可知，共轭梁法和复化辛普森法具有更高的精度和适用范围，在此选用共轭梁法用于光纤光栅应变管后面的位移计算。为了进一步讨论光纤光栅应变管监测位移的可行性，对比试验中应变管的实际位移与共轭梁法得出的计算位移关系，结果如图 5.36 及表 5.6 所示。在应变管的所有监测点处，由共轭梁法得出的计算位移以及实际位移和应变之间都具有较好的线性关系，且位移曲线基本吻合。在 2 次试验中，4 个位移监测点（No.2、No.3、No.4、No.5）的相对误差最大值为 13.81%，最小值为 0.36%；平均相对误差最大值为 6.72%，最小值为 3.34%；均方差最大值为 4.70%，最小值为 2.49%。由此可见，光纤光栅应变管结合共轭梁法在位移监测上具有一定可行性。

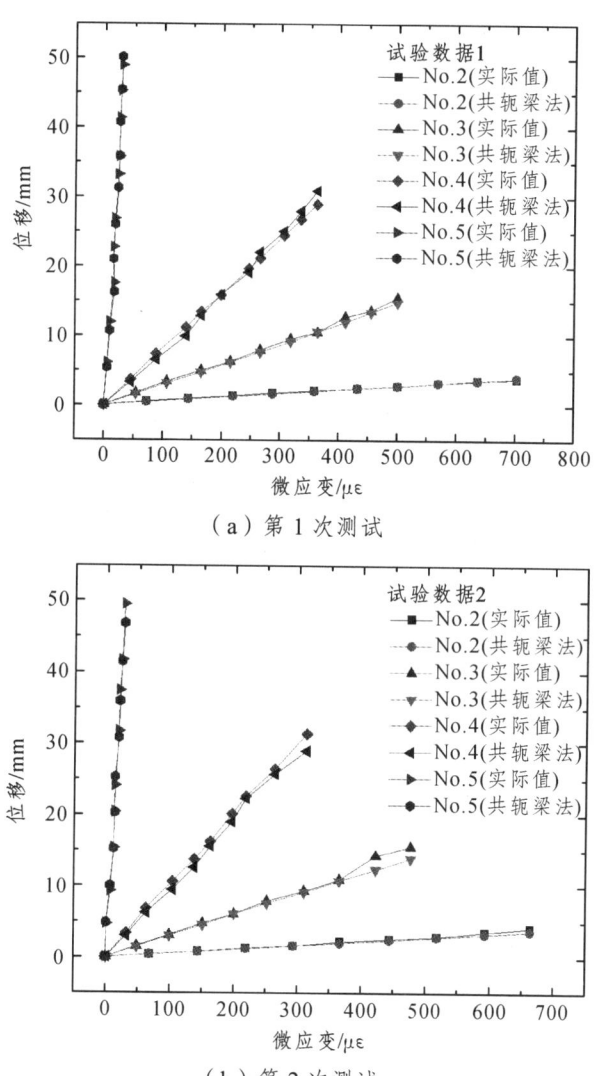

（a）第 1 次测试

（b）第 2 次测试

图 5.36　wFBG 应变管的实际位移和计算位移的关系

表 5.6　wFBG 应变管的实际位移和计算位移的误差分析

相对误差	第 1 次测试				第 2 次测试			
	No.2	No.3	No.4	No.5	No.2	No.3	No.4	No.5
最大值/%	11.54	8.19	11.08	12.50	11.87	13.81	11.70	7.97
最小值/%	0.70	0.51	0.43	0.36	0.72	0.38	1.33	0.52
平均值/%	4.63	4.32	5.63	5.23	6.26	6.06	6.72	3.34
均方差/%	3.69	2.49	3.83	4.40	4.12	4.70	3.63	2.51

5.3.5 光纤光栅原位测斜管的模型试验

在光纤光栅应变管研发前，作者利用传统强反射光纤光栅结合测斜管制成 FBG 原位测斜管用于深部测斜[178]，进一步讨论 FBG 原位测斜管结合共轭梁法用于位移监测的可行性。光纤光栅原位测斜管的制作工艺和光纤光栅应变管是一样的，区别在于使用的基体材料和传感光栅不同。如图 5.37 所示，首先在室内对光纤光栅原位测斜管进行标定。用砂纸对测斜管导槽表面进行打磨并用丙酮清洗干净，然后将两组刻制好的光纤布拉格光栅传感器阵列粘贴在测斜管导槽外表面上，并用环氧树脂覆盖粘贴，粘贴时施加一定的预应力，以保证光栅与测斜管表面粘贴牢固。在紧靠光栅测点附近粘贴应变片以进行对比监测，同时架设 4 个量程为 50 mm、测量精度为 0.01 mm 的百分表用来测量测斜管的变形。将光纤光栅测斜管的下端固定在混凝土墩中，使其成为悬臂结构；在另一端施加荷载产生变形。连接好光纤光栅解调仪和应变采集装置分别记录试验中光纤光栅应变传感器的波长变化和各测点的应变值。标定试验重复了进行 3 次以减小测量误差，试验结果如图 5.38 和图 5.39 所示。

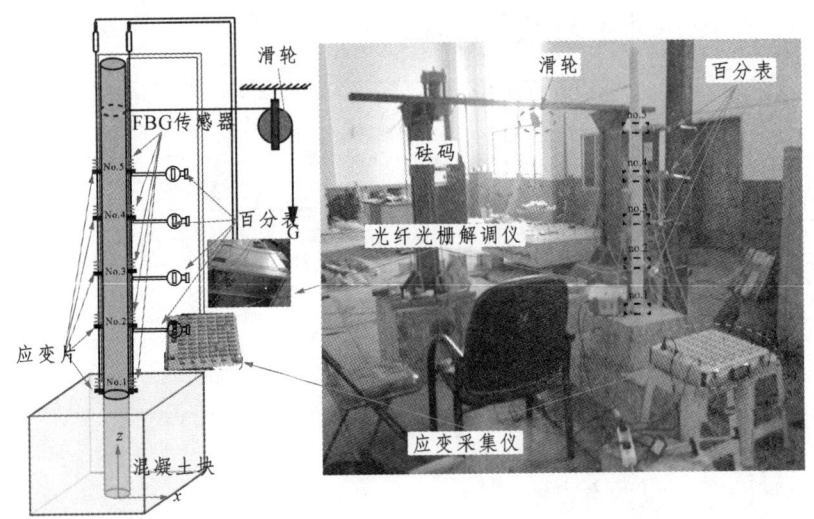

图 5.37 FBG 原位测斜管的标定试验

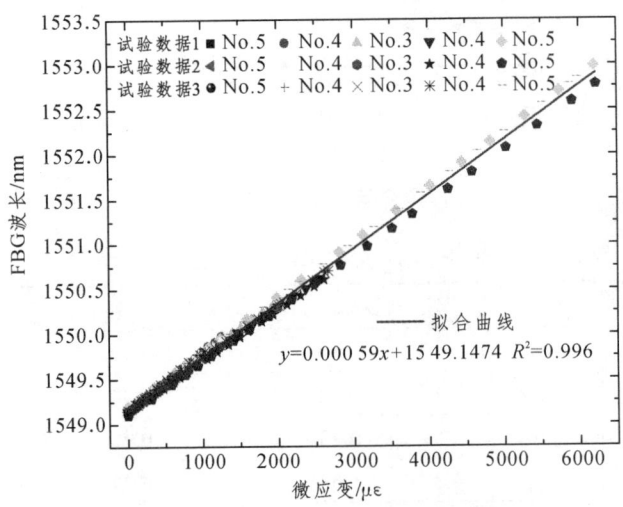

图 5.38 FBG 原位测斜管的标定结果

从图 5.38 中可知，3 次重复性标定测试中测斜管上各个光栅测点的波长漂移与施加应变之间均呈现良好的线性关系，其拟合优度 R^2 为 0.996，线性相关性较高，从而可确定光纤光栅原位测斜管的应变灵敏度系数为 0.590 pm/με。

利用共轭梁法结合测斜管上测点应变分布，得出的计算位移与实际测量位移进行比较，结果如图 5.39 所示。在光纤光栅原位测斜管的所有监测点处，由共轭梁法得出的计算位移以及实际位移和应变之间都具有较好的线性关系，且位移曲线基本吻合。在 3 次试验中，4 个位移监测点（No.2、No.3、No.4、No.5）的相对误差较小，RMSE 最小值为 0.127 mm，RMSE 最大值为 0.795 mm。由此可见，FBG 原位测斜管结合共轭梁法在位移监测上也具有一定可行性。

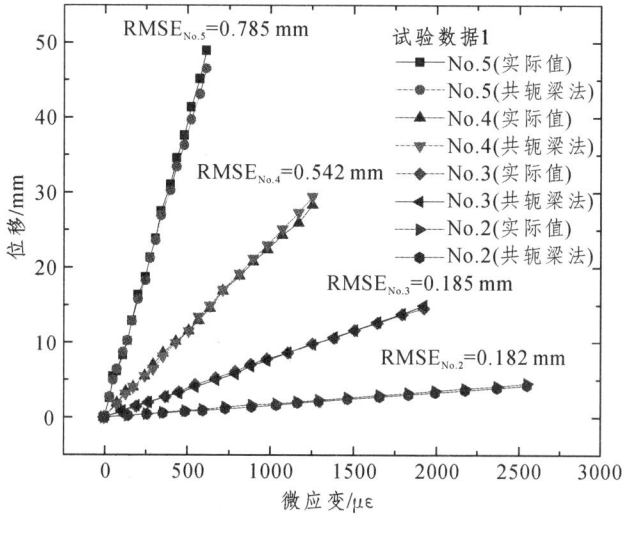

（a）测试 1

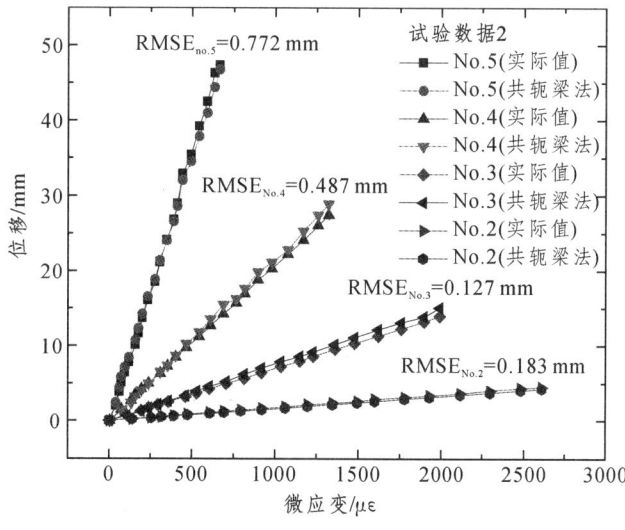

（b）测试 2

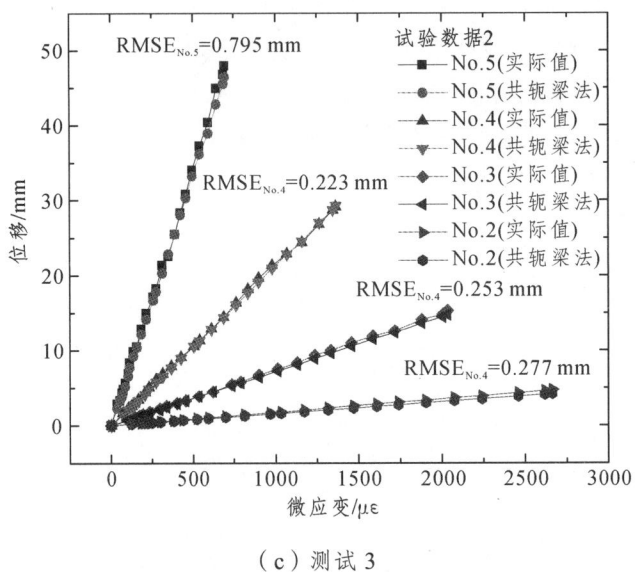

（c）测试3

图 5.39　FBG 原位测斜管的实际位移和计算位移的关系

为了进一步验证作者提出的共轭梁法计算方法的适宜性和调查 FBG 原位测斜管在边坡监测中的性能，在野外开展了一个大型直接剪切试验，如图 5.40 所示。场地位于川东陷褶束地质构造南温泉背斜的东翼，由单斜地层组成，无断层通过。场地原始地貌属构造剥蚀中丘地貌，根据钻探揭露，上部土层为素填土，下伏基岩为砂岩，深度在 2.0 m 左右。选择好试验地点后，人工开挖成一个长宽高分别为 2 260 mm、1 660 mm 和 1 300 mm 的方形土堆，四周用混凝土支模保护边界。在方形土堆中间钻孔，钻进过程中要保证钻孔尽可能垂直，其铅垂度偏差应小于 2°。监测孔穿过砂岩层达 3 m 深度。将事先设计好的光纤光栅传感器按照 0.5 m 的布设间距串联 5 个，对称粘贴在 3 m 测斜管外导槽上，竖直放置于钻孔中。通过 2 个最大量程为 100 kN 的千斤顶对试验加载，每加载步后记录下试验过程中光纤光栅传感器的波长漂移及测斜管的变形。

图 5.40　土体剪切破坏模型试验和 FBG 原位测斜管的布设（单位：mm）

根据标定测试中得到的 FBG 原位测斜管的应变灵敏度系数，利用 FBG 测量的波长漂移，可以得到光纤光栅测斜管的位移，与常规测斜仪测量位移进行比较，结果如图 5.41 和图 5.42 所示。从图中可知，FBG 原位测斜管和常规测斜管的监测结果很相似，同时各次测量中两者之间的测量误差也在 10%以内，在允许的误差范围内。这说明本章提出的共轭梁法计算方法用于求解 FBG 原位测斜管在边坡中的监测变形是合理的和正确的。

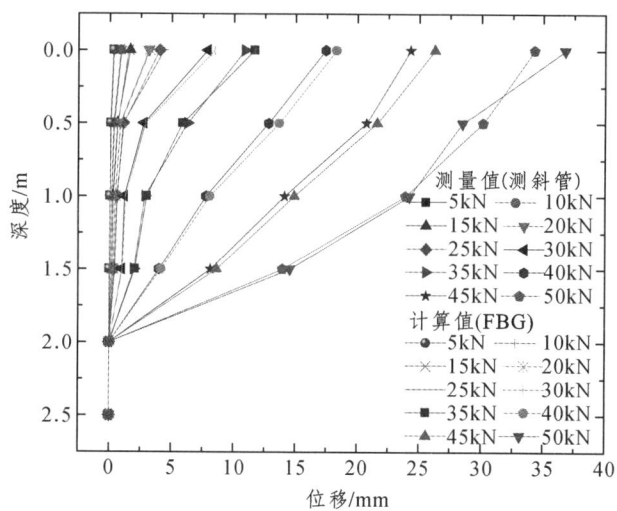

图 5.41　常规测斜仪测量位移与 FBG 原位测斜管计算位移的关系

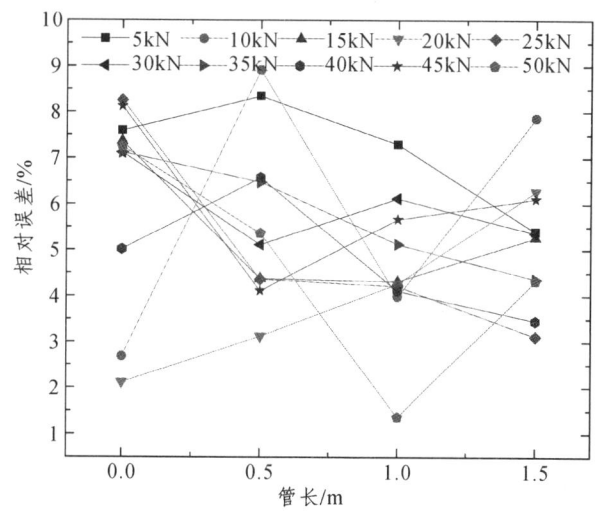

图 5.42　常规测斜仪测量位移与 FBG 原位测斜管计算位移的相对误差

5.3.6　两种光纤光栅深部变形测量技术比较

根据本章 5.3 节的试验测试分析，wFBG 应变管和 FBG 原位测斜管结合共轭梁法均可以有效地用于位移监测，说明这种借助于变形管/杆并结合光纤光栅的传感技术是成熟可靠的。但从试验结果上看，wFBG 应变管的灵敏度（0.913 pm/$\mu\varepsilon$）比 FBG 原位测斜管（0.590 pm/$\mu\varepsilon$）要高，在测试时会具有更高的精度和位移分辨率。此外，PPR 管为载体比测斜管为载体的成本要低得多，平均一米大概要少几十元，且 PPR 管也较便于熔接。因此，在后续现场试验中，作者会优先使用 PPR 管作为光纤光栅应变管的载体来制作传感器，用于深部位移监测中。

5.4 本章小结

本章介绍了两种边坡深部变形光纤监测技术，一种是用于滑体剪切破坏识别的光纤环位移监测技术，另一种是用于边坡内部分布式变形监测的光纤光栅应变管监测技术。研究成果为：

（1）提出了一种新型光纤环弯曲调制机制。介绍了光纤环的基本结构形式与损耗机理；通过数学推导和标定试验确定了光纤环的位移与损耗的关系具有单调的非线性相关关系，是一个对数关系式，理论上的最小测量精度为 0.193 mm，最大测量范围为 40.73 mm。

（2）自行开发了光纤环位移传感器系列，即 FLDS1.0、FLDS2.0 和 FLDS3.0 及其准分布式系统。对光纤环位移传感器进行了岩层单/双滑动面状态模型试验以及位移识别机理分析。结果表明：FLDS1.0 可以用来判断岩层滑动变形以及主要滑动方向，限制于岩层单滑动面状态变形的识别；FLDS2.0 则可以用来确定岩层双滑动面变形情况。FLDS1.0 和 FLDS2.0 均适用于室内模型试验的测试。FLDS3.0 及其准分布式系统可以诊断出岩层单/双滑动面变形状态，且 FLDS3.0 可以串联使用，适用于模型试验及现场岩土体的变形监测。

（3）设计了一种以 PPR 管为载体和弱反射光纤光栅结合的光纤光栅应变管。分析了大规模光纤传感对光栅阵列的要求和表面粘贴式光纤光栅传感器应变传递率的影响因素；推导了光纤光栅应变管的温度补偿与滑移量计算公式。

（4）提出了共轭梁法、复化辛普森法与差分法的应变-位移转化方法，利用数值模拟进行比较分析，差分法在 $l/h>20$ 时且为类型 1 的变形情况下，具有较强的适用性，在其他情况下均不太适用。共轭梁法除在 $l/h=5.0$ 及 $l/h=10$ 且为类型 2 的变形情况下，相对误差超过 10% 外，在其他情况下的相对误差均在 5% 以内，具有较高的计算适用性和精度。复化辛普森法除在固定端处测点、$l/h=5.0$ 在 $l/h=10$ 且为类型 2 的变形情况下，相对误差超过 10% 外，在其他情况下的相对误差均在 5% 以内，也具有较高的计算适用性和精度。综上所述，3 种应变-位移转化方法在适用性和计算精度上排名是：共轭梁法≥复化辛普森法>差分法。建议在后续光纤光栅应变管的位移监测中采用共轭梁法或者复化辛普森法。室内模型验证了光纤光栅应变管结合共轭梁法对位移监测的可行性。

6 工程应用

6.1 引 言

前面对一系列自行研发的光纤位移传感器的结构设计、理论分析、数值模拟、标定试验和性能测试等的研究，证明了本书提出的用于边坡体表面拉裂、沉降和深部变形等准分布式光纤监测技术的可行性。但监测技术的好坏，更关键的是它的实际应用性，也就是研发的光纤位移传感器的现场应用适宜性，必须经过实际的应用验证。因此，本章介绍了采用光纤位移监测技术的 3 个工程实例。将自行研发的光纤环位移传感器用于进行浅层支护边坡的变形过程监测，将自行研发的光纤环位移传感器和光纤光栅应变管应用到开挖边坡的深部位移监测中，将自行研发的弹簧式光纤位移传感器应用到填方边坡荷载变形监测中，以进一步探究自行研发的边坡三维变形光纤监测关键技术的长期稳定性与有效性，并对本书及课题组的研究成果进行验证。

6.2 巴南区某浅层支护边坡变形监测

6.2.1 工程概况

工程项目场地位于重庆市巴南区地下管线改造标段内，场地区域已经进行人工开挖回填，低洼地段内受河水涨落影响。如图 6.1 所示，滑坡体前缘高程为 250 m，后缘高程为 285 m，高差达 35 m，地形坡角一般为 0°~30°，主滑方向为 2°，边坡后缘坡顶表面上观察到几条与坡面平行的横向拉裂缝，雨水可灌入其中，其走向为 80°~100°，可见深度为 0.05~0.3 m，滑坡属于推移式类型，地形区域内坡角较陡，目前处于变形阶段，可能会造成地下管线拉裂破坏。

根据现场调查和钻孔揭露，滑体主要由强风化的砂泥岩碎块石及少量粉质黏土组成，厚度为 0.05~6.3 m。第四系覆盖层为褐黄色的粉质黏土，含少量强风化砂、泥岩角砾等，钻孔揭露厚度为 0.2~3.6 m。滑床基岩地层岩性主要由下伏侏罗系中统沙溪庙组砂岩和砂质泥岩组成。基岩与覆盖土层呈不整合接触。场地岩土体在地震作用时无砂土液化，无滑坡、崩塌及震陷问题。

场区内水文地质条件简单，有一条人工河流，勘察期为枯水季节，估计水流速 $v=2$~3 m/s，流量 $Q=1.4$~2.4 m³/s。在钻孔终孔 24 h 后，抽干钻孔中残留水，水位不恢复，钻孔未见地下水，地下水总体贫乏。由于滑体物质组成以松散碎块石土为主，结构上比较松散，且坡顶表面上有肉眼可见的地表拉裂缝，在降雨、地下潜水作用下：一是可能软化松散滑动体与基岩层之间的软弱滑动带；二是土体中孔隙水压力会沿着软弱结构层从高处向低处运动，产生向下驱动力；三是地表面上的径流雨水等会极大地降低滑体的抗滑力，导致滑坡发生。

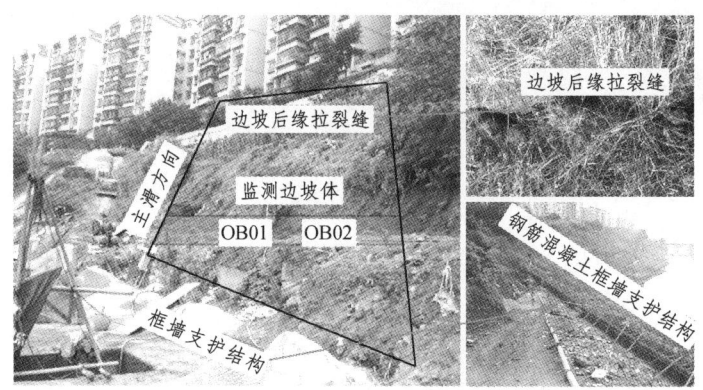

图 6.1 监测边坡地貌与坡脚支护结构

6.2.2 监测系统布置

为保证边坡体的稳定性和地下管线的安全,根据设计单位的要求,在滑坡前缘坡脚处浇筑钢筋混凝土框墙进行永久性支挡;同时,在边坡支挡施工过程中,监测项目也展开实施。监测边坡为浅层滑动,故本工程所用的监测设备为自行研发的光纤环位移传感器 FLDS3.0 和钻孔测斜仪,两者对比监测以进一步调查所研发的光纤位移传感器的现场工作性能并且评价支护边坡的稳定性。

在具体监测前,根据地勘资料、现场观察的边坡变形现象、地形情况以及环境条件等确定监测点的位置。通过地质勘察分析和现场观察,边坡后缘出现多处拉裂缝,坡脚处进行开挖支护工程,低洼处受河水涨落影响,所以本支护边坡的监测位置选择在支挡结构和滑坡后缘之间的平台上,也便于机械钻孔,监测点编号为 OB01 和 OB02(图 6.1)。

如图 6.2 所示,根据选定的监测位置,采用机械进行垂直钻孔,其铅垂度偏差应小于 2°,钻孔时岩石的完整性较好,可不采用护壁措施。由于钻孔处滑体厚度大约为 2.0 m,同时下部支护结构的开挖深度为 1.5 m,因此钻孔取得监测孔深度为 3.0 m 且已穿过滑带直达稳定层。本次监测采用光纤环位移传感器 FLDS3.0,传感器在现场被提前预制后小心放置于监测孔 OB01 中预留的 PVC 管中,在浇筑时边拔管边填充。在距离光纤环位移传感器 1.0~2.0 m 的监测孔 OB02 位置处布置一根测斜管,浇筑一定比例的水泥砂浆以确保监测设备及时、准确地感应到岩土体的挤压变形。在监测设备安装成功以后,将预留出的光纤接头与光时域反射仪连接,启动电源并运行系统,调试好相关参数,监测系统可开始运行。在监测系统运行以前,应该将光纤位移传感器和测斜仪一周后测定的一组数据作为监测结果的初始数据,以便和以后的监测结果作比较以确定滑体的变形量。由于支护结构工程和监测项目实施时间很短,整个监测过程历时一个多月,对孔口没有设置专门的防护墩进行保护。

图 6.2 机械钻孔与监测设备的安装

6.2.3 监测结果分析

通过监测孔 OB02 的测斜仪数据,可以获得两种表征边坡内部位移变化的曲线:一是沿监测孔深度范围内的位移变化,可直观地判断出滑坡体在某一位置的位移特征,包括滑移量、变形速度和滑动面位置,表示为深度-位移变化关系曲线;一是监测孔不同深度的滑体位移随时间的变化规律,可以判断出滑坡体的变形运动状态,表示为滑体位移-时间关系曲线。图 6.3 展示了将测斜仪监测数据分析得出的监测孔 OB02 中深度-位移变化关系曲线。

根据测斜仪深度-位移关系曲线可以发现,发生位移的区域主要为地下 0~2.5 m,该区域主要是填土和强风化碎石块区域,在降雨以及坡脚处进行开挖和支护结构过程中,整体发生了一定的位移量。滑坡体存在明显的滑动面,滑面位置约 1.5~2.0 m,与钻孔揭露的 2.0 m 滑动面位置基本相符合,滑面位置以下的测点变形较小,可认为基本是稳定层区域,而滑面位置以上的测点变形较大,是主要滑动区域。随着监测时间的推移,沿监测孔深度范围内的位移呈现出地表大、内部小的特点,且地表位移呈不断增大的趋势,可知从 2018 年 10 月 11 日开始到 11 月 21 日为止,孔口累计相对变形量已达 54.3 mm,变形速率小于 2 mm/d。由数据可知,从坡底到坡顶,由内向外监测点位移呈逐渐增大的趋势,这表明滑坡位移已由深部缓慢蠕滑转化为地表的拉裂滑动,这与前面在勘测中观测到的地表拉裂缝情况是基本一致的。

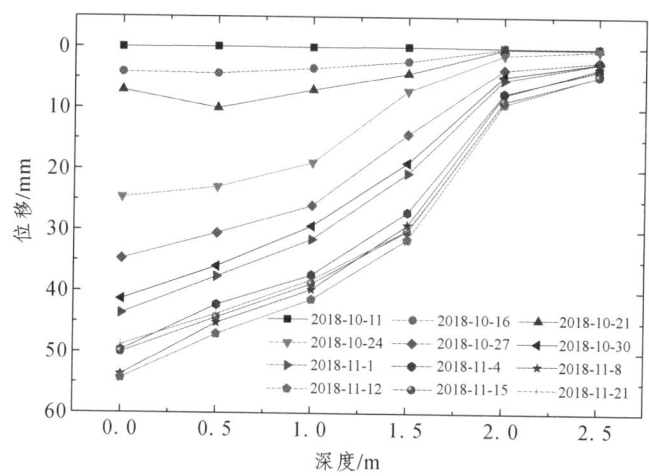

图 6.3 监测孔 OB02 处测斜仪位移-深度变化关系曲线

为了分析光纤环位移传感器 FLDS3.0 的现场监测性能,与钻孔测斜仪的监测数据进行比较,分别得出了两监测仪器的位移-时间关系曲线,结果如图 6.4 所示。

从图 6.4 中可以看出监测边坡的 4 个不同变形阶段,在 2018 年 10 月 11 日到 10 月 21 日期间,坡脚未开挖进行支护前滑坡位移量较小,滑移位移为 7.13 mm,变形速率为 0.71 mm/d;在 11 月 21 日到 11 月 24 日,支护结构位置进行开挖,边坡发生较大的变形增量,变形速率为 6 mm/d 左右,与平均变形速率相差 4 mm/d,并呈快速增加趋势,这主要是由于坡脚开挖引起卸荷,导致变形量的骤然增加。但在支护结构实施和完成后,测量的变形量逐渐减缓,直至最后基本趋于平稳,变形增量接近于零,位移与监测时间的关系曲线为一条平行于时间横坐标轴的直线,说明边坡的滑动速率略有减缓,并逐渐下降到稳定状态。由此可以说明施工单位实施的支挡结构工程是比较有效的,极大地抑制住了滑坡体的进一步变形失稳。

FLDS3.0和测斜仪测点分别为图6.1中的OB01和OB02，两者分布处于同一平面上，且左右相邻距离不超过2.0 m。图6.3中钻孔测斜仪的位移-深度关系曲线显示滑移面在地下1.5~2.0 m，在至11月21日为止时滑动面位置处的位移为38.1 mm，同期的本书研发的FLDS3.0监测位移为35 mm，且与测斜仪在1.5 m深度（主要滑动面位置）处的位移变化趋势基本吻合，两种方式监测数据均在2018年11月21日出现位移迅速增加，而后缓慢增长直至稳定态势。通过与测斜仪监测位移曲线对比，可以看出光纤环位移传感器FLDS3.0在现场边坡监测中的可靠性及稳定性。

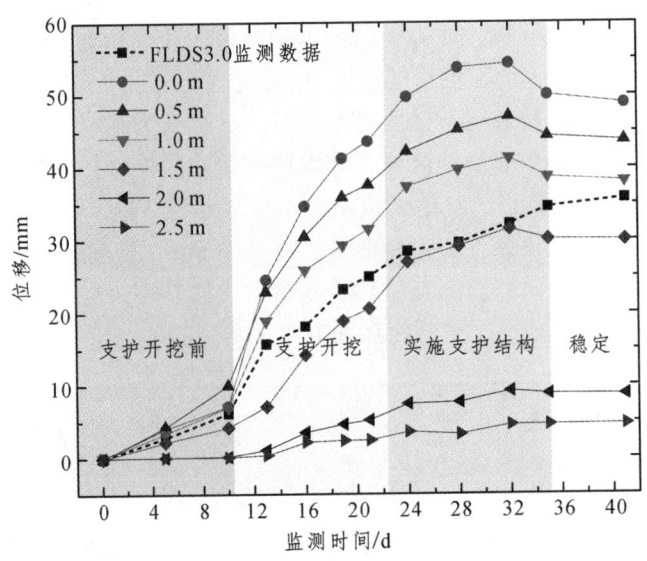

图6.4 监测孔不同深度处测斜仪与FLDS3.0监测位移的关系

6.3 合川区某开挖边坡稳定性监测

6.3.1 项目背景

工程项目位于重庆市合川区钓鱼城街道黑岩村，东侧为在建芙蓉路，西侧紧邻银桂路，北西侧为花滩大道，南侧为规划丁香路。拟建场地正在平场，根据设计意图，场地红线内现状边坡为临时边坡，将填平或挖除，考虑局部放坡设计，要求对场地现状进行稳定性评价，如图6.5所示。

场地属于剥蚀丘陵地貌，勘察范围部分区域正在平场。场地总体为斜坡地形，北高南低，勘察范围内最高点位于北侧，标高为274.89 m，最低点位于南东侧，标高为237.46 m，相对高差约37.43 m。现状地形坡度角一般5°~24°，局部坡坎可达46°~53°。

经钻探调查揭示，场区范围内上部可滑动岩土层为平场机械堆填的素填土，由破碎砂泥岩及粉质黏土组成，强风化状，棱角状；为平场机械随意堆填，填龄约1年。主要分布于南东侧平场区域地表，分布不均，厚薄不均，钻孔揭露厚度为0.50(ZK76)~7.50 m(ZK80)。下部基岩层为侏罗系中统沙溪庙组的砂岩和泥岩，岩芯较破碎。场地被第四系土层覆盖，场地基岩顶界埋深为0.00(ZK52)~7.50 m(ZK80)。基岩面与上覆土层呈不整合接触，勘察区为斜坡地形，基岩界面整体起伏变化较大，为剥蚀的基岩界面。

图 6.5 开挖边坡监测设备实施

6.3.2 监测内容及测点选择

如图 6.5 所示，拟建场地边坡局部坡度较陡，前缘坡脚处场地红线区域内准备开挖进行二级放坡后修建商业住宅项目，在斜坡体后缘观测到一些地表拉裂缝。由于在施工期间边坡未成型，锚固措施未全部做到位，场地内还需要进行多次整平加固，考虑到后期拟建工程项目和场地稳定性评价，根据现场情况，计划在对原边坡进行二级放坡施工期间，展开对项目边坡的监测工作。边坡整体相对高差为 37.43 m，每一级边坡相对高程为 7~10 m，故本工程边坡监测所用设备为自行研发的光纤环位移传感器 FLDS3.0 准分布式系统和光纤光栅应变管，用于对比监测的是工程中常用的钻孔测斜仪。

根据现场调查和地质勘察资料，同时遵循本书中的边坡监测系统布设原则，在距离边坡后缘拉裂缝 2.0 m 处的平台 1 处钻取监测孔 ZK01、ZK02、ZK03，位于第一级边坡的后缘台阶中央上；在靠近场地红线区域的边坡前缘 1.0 m 处的平台 2 处钻取监测孔 ZK01′、ZK02′、ZK03′，位于第一级边坡和第二级边坡之间的台阶中央上，便于机械钻孔。在同一个平台上的 3 个监测孔处于同一平面上，左右相邻距离在 1.0~2.0 m 之间；上下两个平台上的对应标记监测孔，即 ZK01 和 ZK01′、ZK02 和 ZK02′、ZK03 和 ZK03′，选取同一边坡变形区剖面。

6.3.3 传感器及仪器安装测试

由机械钻直径为 110 mm 的监测孔，钻进过程中保证钻孔尽量垂直，其铅垂度偏差应小于 2°，监测孔深度穿越滑带至稳定层，编号为 ZK01 和 ZK01′、ZK02 和 ZK02′、ZK03 和 ZK03′，所对应的监测设备分别为传统的测斜管、本书提出的光纤光栅应变管和光纤环位移传感器 FLDS3.0 准分布式系统。测斜仪总长度为 8 m，由 4 根 2 m 长的 PVC 测斜管连接在一起组成。光纤光栅应变管由两通道各 15 个弱光纤光栅相隔 180°粘贴在外径为 50 mm 的 PPR 管外侧壁组成，每一侧通道上相邻两个光栅刻制距离为 0.5 m，用胶布缠绕进行防水处理，并在应变管底部连接回线，做好保护措施。光纤环位移传感器 FLDS3.0 准分布式系统为 8 个 0.5 m 长的 FLDS3.0 单元进行串联复用组成，制作好后放置在预留孔的 PVC 管中，浇筑时边填充边拔管。将各监测仪器小心地放置在监测孔的中央，然后对孔周进行灌浆回填密实，在各监测孔砌筑孔口保护墩，孔口上盖有木板防止雨水进入损坏装置。在监测设备安装成功以后，将光纤位移传感器预留出的光纤接头与光时域反射仪和弱光纤光栅解调仪连接，启动电源并运行系统，调试好相关参数，监测系统可开始运行，测试一组数据作为后续监测结果的初始数据。在监测系统调试完成后，按照间隔 1 周左右时间来进行数据测量，与初始测量数据进行比较分析，从而确定滑体的变形量。对工程边坡进行短期监测，主要采用 AV6418 高性能多功能 OTDR 仪、弱光纤光栅解调仪、CX 智能型测斜仪和 ZKCX3 型测读仪。

6.3.4 数据处理及结果分析

在后期场地红线区域内二级放坡开挖时，由于平台 2 上的 3 个监测孔过于靠近边坡前缘，工人们施工不小心破坏了监测孔和其中安装的仪器设备，故在此主要分析平台 1 上的监测孔 ZK01、ZK02、ZK03 中的数据。从 2018 年 12 月 31 日开始专业监测起，截止到 2019 年 6 月 3 日，共采集到 13 次监测数据，得到主滑动方向位移与孔深及位移与监测时间之间的关系如图 6.6 所示。

由图 6.6 可知，在同一边坡平台 1 上的 3 个监测孔中的仪器设备都测量到边坡内部沿主滑方向上的侧向位移。图 6.6（a）是钻孔测斜仪中测量到的位移随深度变化的关系曲线，在监测周期内，位移发生区域主要集中在地下 0~4.0 m，被监测的第一级边坡后缘台阶处的累计滑动量变化不大，但在孔口地表处位移比内部变形大，截至到 2019 年 6 月 3 日，孔口累计相对变形量为 15.25 mm，整体变形速率为 0.10 mm/d。由于场地红线区域内在 2019 年 1 月 21 日到 2 月 25 日期间进行开挖且锚固措施未全部做到位，坡体卸荷，边坡位移呈逐渐增大趋势，变形速率为 0.17 mm/d，由于工程其他原因导致二级边坡在 2 月 25 日后暂时停止开挖等待后面继续，所以建议在后续的第二级边坡进一步开挖放坡时，加强对整体边坡的监测和支护措施实施以保证场地边坡的稳定性。但总体而言，在监测周期内，边坡的累计变形量较小，变形速率也很小，基本保持稳定状态。此时，在同一平台上的监测孔 ZK02 中光纤光栅应变管测量到的位移与孔深曲线的整体变化趋势与测斜管中相似，监测到的孔口地表位移相对变形量为 16.36 mm，如图 6.6（b）所示。从两种监测方式测量结果中可以看出边坡主要滑动面位置在 1.5~3.0 m，次要滑动面位置在 0~1.0 m。由图 6.6（c）可知，光纤环位移传感器在监测过程中，光时域反射仪上出现了两个光信号衰减台阶，可以反映出土体的两级滑动位置及位移量，通过光时域反射仪的信号识别及位移反演，分别位于地下 0.0~0.5 m 和 1.5~2.0 m 处的土体变形情况，但由于光纤环位移传感器在放置于监测孔中后期下沉了二十几厘米，因此光纤环位移传感器中判断的真实滑动面位置应该考虑加上下沉量。

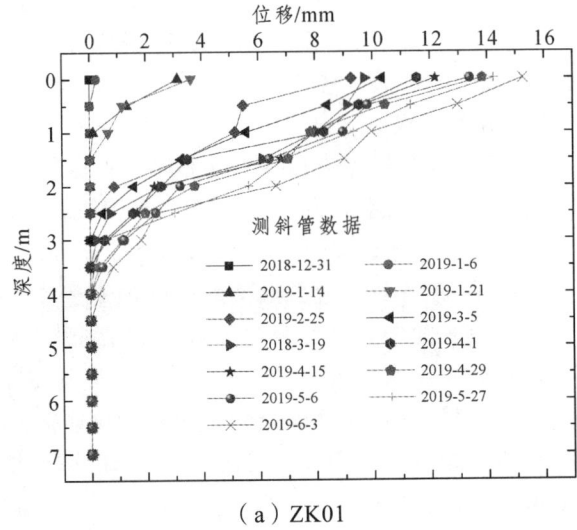

（a）ZK01

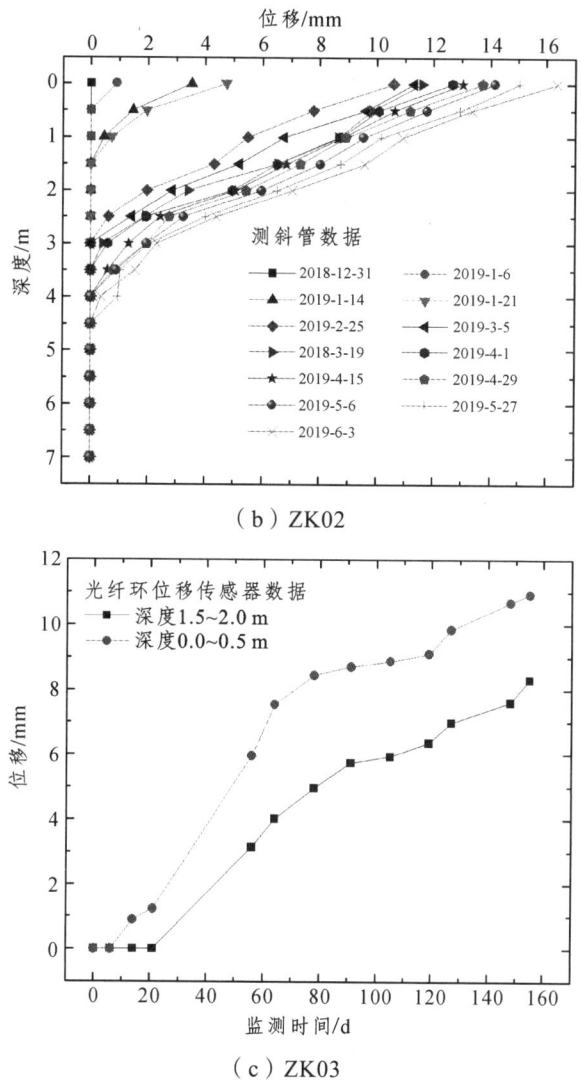

(b) ZK02

(c) ZK03

图 6.6 监测孔内不同深度处的位移曲线

为进一步比较 3 种监测方式在边坡监测方面的可靠性和精确性,得到了它们在边坡不同深度处的滑移量随时间的曲线关系对比图,如图 6.7 所示。值得注意的是,由于数据点太多,图 6.7 仅显示主要变形深度区的位移对比情况,涉及 0.5 m、1.0 m、1.5 m、2.0 m。

从图 6.7 可以看出,在同一深度处测斜管和光纤光栅应变管的位移变化趋势基本吻合,但测斜管测量到的位移小于光纤光栅应变管的。此外,测斜管监测的数据波动较大,而光纤光栅应变管测量的数据较稳定,波动较小,可能原因是在监测过程中,地下水进入测斜管内,或者是现场机械施工及电磁干扰等因素造成电子测斜仪数据出现较大波动,而光纤光栅不受电磁干扰,数据则相对稳定。光纤环位移传感器中反映的地下 0.0~0.5 m 处变形量在其他两种监测方式的 0.5 m 和 1.0 m 变形量之间,而地下 1.5~2.0 m 处变形量则在其他两种监测方式的 1.5 m 和 2.0 m 变形量之间,且变化趋势基本相同。3 种监测方式测量的滑移量仍有些差别,光纤光栅应变管的位移值最大,其次是测斜管,最小的是光纤环位移传感器。可能原因:一是 3 种传感器在边坡监测中都被认为是悬臂梁结构,但光纤光栅应变管和测斜管是受弯曲,更易变形，而光纤环位移传感器则是遭受沿滑动面的剪切破坏；二是相比于测斜管，光纤光栅应变管的基体材料 PPR 管具有较好的柔韧性，结构柔度较大，变形更大。综上而言，3 种监测方式基本上都可反映出边坡内部运动情况，如滑动面深度、量级等，在边坡监测方面具有一定的适用性和可靠性。

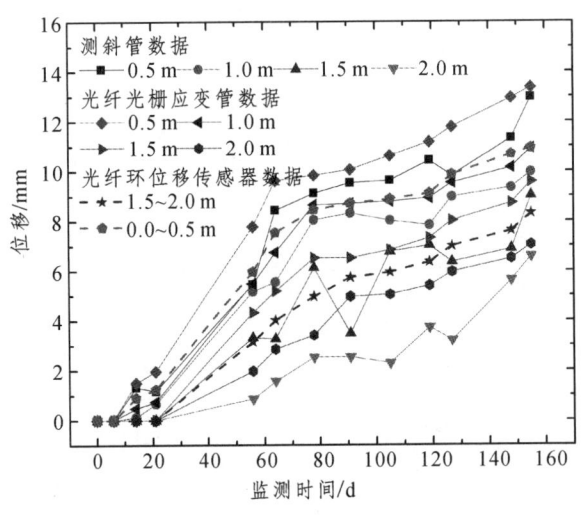

图 6.7　3 种监测方式的位移结果比较

6.4　湘潭市某填方边坡变形监测

6.4.1　测试条件及过程

测试边坡位于湖南省湘潭市青山桥镇的湘中低山丘陵区，是一个路堑填方边坡，但边坡是安全稳定的，未出现过滑塌现象。由于全国疫情爆发，作者无法进行真正的填方边坡工程应用，故在此主要是为了评估弹簧式光纤位移传感器在填方边坡变形监测中的表现，使用经过封装好的两个传感器进行准分布式连接后（图 4.16）用于边坡表面车辆碾压变形测试。测试在农村乡镇普通压实的路堑边坡表面上进行，试验中也无法匹配有标准尺寸的钻头的取芯机对路面取芯，利用钢钎在路面上开挖了两个直径为 100 mm、深度为 340 mm 的坑洞，两坑洞之间水平距离约为 600~700 mm，传感器承压圆盘顶面距离原有地面约 50 mm。清理坑洞，找平坑底，放置封装串联好的传感器，填筑砂土混合料，车辆来回碾压，连接光时域反射计调试和开始测试，测试过程如图 6.8 所示。

6.4.2　数据处理及结果分析

传感器在实际使用前均需要进行性能标定，测试中的两个传感器在制作完成后都已标定，确定了传感器光损耗响应与测量位移之间的关系，两个传感器的损耗与位移的线性拟合关系式分别为 $y=0.005\,82x+2.452$ 和 $y=0.005\,78x+2.460$，拟合优度 R^2 分别为 0.985 和 0.991。在后面处理数据时，将光时域反射计中的损耗数据导出分析，然后根据 2 个传感器各自的线性拟合关系式计算就可以得到传感器的压缩变形量。对本次车辆荷载路面压实过程的测量数据进行计算处理，可以得到路面压实变形量和车辆碾压次数的关系，如图 6.9 所示。

图 6.8 填方边坡荷载变形测试过程

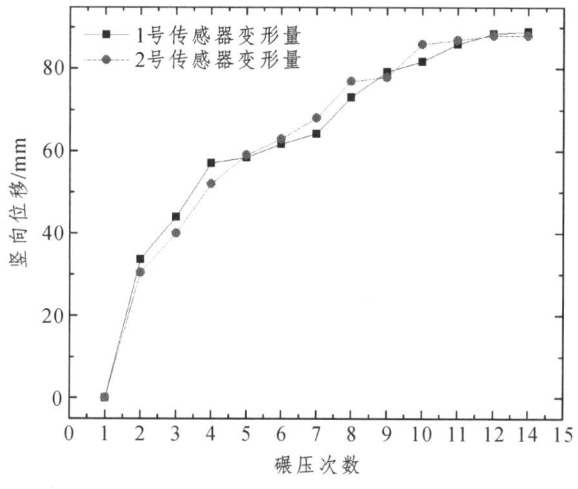

图 6.9 填方边坡荷载变形测试结果

从两个传感器的测量结果中可以看出,每次车辆碾压的重量和速度基本相同,在车辆碾压的初始阶段,填筑的砂土混合料处于松散填筑状态,未被压实,两个传感器测量得到的变形量与碾压次数的关系曲线几乎平行于位移纵坐标轴,变形增量很大;随着碾压次数的增加,在碾压中期及后期阶段中,变形增量逐渐减缓直至最后为零,说明填筑的砂土混合料基本被压密或者压实程度已经到车辆碾压的极限。1号传感器和 2 号传感器的变形量与碾压次数关系曲线基本吻合,它们的变形量分别在碾压 11 次后和 10 次后基本达到稳定,可见两个传感器被串联使用的效果很好,证明了准分布式连接系统对沉降变形监测的可行性。

6.5 本章小结

本章做了三部分工作:

(1)将自行研发的光纤环位移传感器 FLDS3.0 应用于某浅层支护边坡的变形监测过程中,在监测孔附近安置着传统的测斜管用以对比监测,两者监测结果基本一致。观测结果表明,监测边坡存在 4 个明显的变形阶段:支护开挖前的缓慢变形;支护开挖过程中的快速变形;

支护结构完成后的减缓变形；边坡最后趋于稳定。证明了光纤环位移传感器 FLDS3.0 在现场监测中的长期稳定性和可靠性。

（2）将自行研发的光纤环位移传感器 FLDS3.0 准分布式系统和光纤光栅应变管应用到开挖边坡的深部位移监测中，测斜管也被埋设在监测孔附近用来对比监测分析，3 种监测方式均能有效地识别边坡的内部变形情况，如滑动面位置和滑移量等。在近半年的监测过程中，光纤位移传感器经受住了考验，说明它们在边坡监测方面具有一定的适用性和可靠性。

（3）将自行研发的弹簧式光纤位移传感器进行准分布式串联，用于填方边坡上进行车辆碾压过程的监测。从测试结果中可以看出，两个传感器可以独立准确地感知到边坡表面在车辆压实过程中厚度迅速降低，坡面不断密实，最终变形趋于稳定的过程。

参考文献

[1] 国土资源部.《国务院关于加强地质灾害防治工作的决定》新闻发布会[Z]. 2011.

[2] 中国地质环境监测院地质灾害调查与监测室. 地质灾害调查与监测案例[EB/OL]. http://www.cigem.cgs.gov.cn/sghdzcg/dzzh_4869/dzzhdc_4871.

[3] 宋胜武. 论水电工程边坡分类[J]. 工程地质学报，2012，1（1）：38-39.

[4] 汪益敏，王兆阳，李奇，等. 粉砂岩路堑高边坡施工监测与动态设计[J]. 中南大学学报（自然科学版），2019，50（2）：400-408.

[5] 何宁，王国利，何斌，等. 高面板堆石坝内部水平位移新型监测技术研究[J]. 岩土工程学报，2016，38（S2）：24-29.

[6] 朱鸿鹄，施斌. 地质和岩土工程分布式光电传感监测技术现状和发展趋势——第四届OSMG国际论坛综述[J]. 工程地质学报，2013，21（1）：166-169.

[7] PEI H F, TENG J, YIN J H, et al. A review of previous studies on the applications of optical fiber sensors in geotechnical health monitoring[J]. Measurement, 2014, 58: 207-214.

[8] DI H T, XIN Y, JIAN J Q, et al. Review of optical fiber sensors for deformation measurement[J]. Optik, 2018, 168: 703-713.

[9] HONG C Y, ZHANG Y F, LI G W, et al. Recent progress of using Brillouin distributed fiber optic sensors for geotechnical health monitoring[J]. Sensors and Actuators A: Physical, 2017, 258: 131-145.

[10] ZHENG Y, ZHU Z W, XIAO W, et al. Review of fiber optic sensors in geotechnical health monitoring[J]. Optical Fiber Technology, 2020, 54: 102127.

[11] 裴华富，殷建华，朱鸿鹄，等. 基于光纤光栅传感技术的边坡原位测斜及稳定性评估方法[J]. 岩石力学与工程学报，2010，29（8）：1570-1576.

[12] 董文文，朱鸿鹄，孙义杰，等. 边坡变形监测技术现状及新进展[J]. 工程地质学报，2016，24（6）：1088-1095.

[13] ZHENG Y, ZHU Z W, LI W J, et al. Experimental research on a novel optic fiber sensor based on OTDR for landslide monitoring[J]. Measurement, 2019, 148: 106926.

[14] 王淳谨，黄治峰，赖世屏，等. 边坡生命周期防灾监测信息整合及可视化云平台数据库建置研究[J]. 岩土工程学报，2019，42（1）：188-194.

[15] 高杰，尚岳全，孙红月，等. CCD微变形监测技术在边坡远程监控中的应用[J]. 岩土力学，2011，32（4）：1269-1272.

[16] 黄润秋，张倬元，王士天. 高边坡稳定性的系统工程地质研究[M]. 成都：成都科技大学

出版社，1991.

[17] 张倬元，王士天，王兰生，等. 工程地质分析原理[M]. 北京：地质出版社，2009.

[18] 雷航. 基于坡面位移监测信息的边坡稳定性分析[D]. 成都：西南交通大学，2014.

[19] 吴关叶，郑惠峰，徐建荣. 三维复杂块体系统边坡深层加固条件下稳定性及破坏机制模型试验研究[J]. 岩土力学，2019，40（6）：2369-2388.

[20] 许星宇，朱鸿鹄，张巍，等. 基于光纤监测的边坡应变场可视化系统研究[J]. 岩土工程学报，2017，39（S1）：96-100.

[21] 李远耀，殷坤龙，程温鸣. R/S 分析在滑坡变形趋势预测中的应用[J]. 岩土工程学报，2010，32（8）：1291-1296.

[22] 刘翔宇，张锡涛，谢谟文，等. 基于 GIS 的降雨滑坡渗流——稳定实时评价方法研究[J]. 岩土工程学报，2012，34（9）：1627-1635.

[23] 任月龙，李如仁，张信. 基于多传感器网的露天矿边坡形变监测[J]. 煤炭学报，2014，39（5）：868-873.

[24] 朱世煜，王宝军，施斌，等. 基于 GIS 的马家沟滑坡稳定性计算与分区[J]. 工程地质学报，2014，22（6）：1187-1193.

[25] 刘昌军，张顺福，丁留谦，等. 基于激光扫描的高边坡危岩体识别及锚固方法研究[J]. 岩石力学与工程学报，2012，31（10）：2139-2146.

[26] 史绪国，徐金虎，蒋厚军，等. 时序 InSAR 技术三峡库区藕塘滑坡稳定性监测与状态更新[J]. 地球科学，2019，40（12）：4284-4292.

[27] 王凤艳，陈剑平，杨国东，等. 基于数字近景摄影测量的岩体结构面几何信息解算模型[J]. 吉林大学学报（地球科学版），2012，42（6）：1839-1846.

[28] 王凤艳，黄润秋，陈剑平，等. 基于免棱镜全站仪的岩体边坡控制测量及结构面产状检验测量[J]. 吉林大学学报（地球科学版），2013，43（6）：1607-1614.

[29] 王鹤，李泽明. 激光测距仪与相机信息融合过程中位姿标定方法[J]. 红外与激光工程，2020，49（4）：143-150.

[30] 许强，董秀军，李为乐. 基于天-空-地一体化的重大地质灾害隐患早期识别与监测预警[J]. 武汉大学学报（信息科学版），2019，44（7）：957-966.

[31] 孙泽林，王昭，翟唤春. 双经纬仪交会测量火炮调炮精度的误差分析与抑制[J]. 光学精密工程，2011，19（10）：2434-2441.

[32] 柳飞，贺美德，余乐，等. 基于静力水准仪测试地铁隧道整体道床剥离量研究[J]. 土木工程学报，2015，48（S2）：356-360.

[33] 李宏奎. 露天矿边坡自动化监测系统研究——以智能全站仪为例[D]. 阜新：辽宁工程技术大学，2015.

[34] 余加勇，邵旭东，孟晓林，等. 基于自动型全站仪的桥梁结构动态监测试验[J]. 中国公路学报，2014，27（10）：55-63；92.

[35] QIU D W, WANG L Y, LUO D, et al. Landslide monitoring analysis of single-frequency BDS/GPS combined positioning with constraints on deformation characteristics[J]. Survey Review, 2019, 51（367）：364-372.

[36] 张清志，郑万模，巴仁基，等. 应用高精度 GPS 系统对四川丹巴哑喀则滑坡进行监测及

稳定性分析[J]. 工程地质学报，2013，21（2）：250-259.

[37] 邓茂林，易庆林，韩蓓，等. 长江三峡库区木鱼包滑坡地表变形规律分析[J]. 岩土力学，2019，40（8）：3145-3152.

[38] YIN Y P, ZHENG W M, LIU Y P, et al. Integration of GPS with InSAR to monitoring of the Jiaju landslide in Sichuan, China[J]. Landslides, 2010, 7（3）: 359-365.

[39] 刘军，王鹤，王秋玲，等. 无人机遥感技术在露天矿边坡测绘中的应用[J]. 红外与激光工程，2016，45（S1）：111-114.

[40] 王志旺，李端有. 3S技术在滑坡监测中的应用[J]. 长江科学院院报，2005，22（5）：33-36.

[41] 高杰. 激光与CCD技术在边坡远程监测中的应用研究[D]. 杭州：浙江大学，2010.

[42] 程鹏飞，文汉江，刘焕玲，等. 卫星大地测量学的研究现状及发展趋势[J]. 武汉大学学报（信息科学版），2019，44（1）：48-54.

[43] 许度，冯夏庭，李邵军，等. 激光扫描隧洞变形与岩体结构面测试技术及应用[J]. 岩土工程学报，2018，40（7）：1336-1343.

[44] 马俊伟，唐辉明，胡新丽，等. 三维激光扫描技术在滑坡物理模型试验中的应用[J]. 岩土力学，2014，35（5）：1495-1505.

[45] 李兵权，李永生，姜文亮，等. 基于地基真实孔径雷达的边坡动态监测研究与应用[J]. 武汉大学学报（信息科学版），2019，44（7）：1093-1098.

[46] NISHIGUCHI T, TSUCHIYA S, IMAIZUMI F, et al. Detection and accuracy of landslide movement by InSAR analysis using PALSAR-2 data[J]. Landslides, 2017, 14（4）: 1483-1490.

[47] BARDI F, RASPINI F, FRODELLA W, et al. Monitoring the rapid-moving reactivation of earth flows by means of GB-InSAR: The April 2013 Capriglio Landslide（Northern Appennines, Italy）[J]. Remote Sensing, 2017, 9（2）: 165-185.

[47] ZHANG Y, MENG X, JORDAN C J, et al. Investigating slow-moving landslides in the Zhouqu region of China using InSAR time series[J]. Landslides, 2018, 15（7）: 1299-1315.

[48] ROSI A, TOFANI V, TANTERI L, et al. The new landslide inventory of Tuscany（Italy）updated with PS-InSAR: geomorphological features and landslide distribution[J]. Landslides, 2018, 15（1）: 5-19.

[49] ANGELI M G, PASUTO A, SILVANO S. A critical review of landslide monitoring experiences[J]. Engineering Geology, 2000, 55（3）: 133-147.

[50] 曹兆虎，孔纲强，刘汉龙，等. 基于透明土材料的沉桩过程土体三维变形模型试验研究[J]. 岩土工程学报，2013，36（2）：395-400.

[51] 李宁. 基于数字摄影和图像分析的边坡监测预报研究[D]. 郑州大学，2006.

[52] 陈楚，姜兴钰，张学民，等. 近景摄影测量在滑坡监测中的应用研究[J]. 城市勘测，2015，（1）：105-108.

[53] 高盛翔，葛华，蒋斌松，等. 云南成品油管道安宁高填方边坡变形规律研究[J]. 工程地质学报，2017，25（3）：892-900.

[54] 郑建国，曹杰，张继文，等. 基于离心模型试验的黄土高填方沉降影响因素分析[J]. 岩石力学与工程学报，2019，38（3）：560-571.

[55] 国土资源部地质环境司. 关于贯彻落实《全国地面沉降防治规划（2011—2020年）》的

通知[EB/OL]. https://www.cgs.gov.cn/xwl/ddyw/201603/t20160309_280214.html.

[56] 刘琦, 岳国森, 丁孝兵, 等. 佛山地铁沿线时序InSAR形变时空特征分析[J]. 武汉大学学报（信息科学版）, 2019, 44（7）: 1099-1106.

[57] 王伟, 徐锴, 王海龙, 等. 施工阶段斜坡堤地基沉降实时监测技术的开发应用[J]. 岩土工程学报, 2017, 39（S1）: 85-90.

[58] 杨泽发, 朱建军, 李志伟, 等. 联合InSAR和水准数据的矿区动态沉降规律分析[J]. 中南大学学报（自然科学版）, 2015, 46（10）: 3743-3751.

[59] 魏静, 魏平, 李德桥. 基于GPRS的沉降远程监控系统开发研究[J]. 土木工程学报, 2015, 48（S2）: 332-336.

[60] 王启耀, 彭建兵, 蒋臻蔚, 等. 西安典型段地面沉降分层标观测及数值模拟[J]. 岩土力学, 2014, 35（11）: 3298-3302.

[61] 任伟中, 陈浩, 唐新建, 等. 运用钻孔测斜仪监测滑坡抗滑桩变形受力状态研究[J]. 岩石力学与工程学报, 2008, 27（S2）: 3667-3672.

[62] 王义锋. 基于测斜仪监测成果的蠕滑体变形机制分析[J]. 岩石力学与工程学报, 2009, 28（1）: 212-216.

[63] 刘欣, 雷国辉, 张坤勇, 等. 通过测斜数据预判测斜管失效的分析方法研究[J]. 岩土力学, 2012, 33（S1）: 97-104.

[64] 徐奴文, 李彪, 戴峰, 等. 基于微震监测的顺层岩质边坡开挖稳定性分析[J]. 岩石力学与工程学报, 2016, 35（10）: 2089-2097.

[65] 谭捍华, 傅鹤林. TDR技术在公路边坡监测中的应用试验[J]. 岩土力学, 2010, 31（4）: 1331-1336.

[66] 武小鹏, 王兰民, 房建宏, 等. 原状黄土地基渗水特性及其与自重湿陷的关系研究[J]. 岩土工程学报, 2018, 40（6）: 1002-1010.

[67] 闫亚景, 闫永帅, 赵贵章, 等. 基于高密度电法的天然边坡水分运移规律研究[J]. 岩土力学, 2019, 40（7）: 2807-2814.

[68] BENNETT V, ZEGHAL M, ABDOUN T, et al. Wireless shape–acceleration array system for local identification of soil and soil structure systems[J]. Transportation Research Record, 2007, 2004（2004）: 60-66.

[69] ABDOUN T. MEMS based real-time monitoring system for geotechnical structures[C]// Indian Geotechnical Conference—2010. Mumbai: Macmillan Publication, 2010, 40-48.

[70] 韦玉超. SAA测量技术及其在边坡监测中的应用研究[D]. 南京大学, 2015.

[71] 陈强, 韩军, 艾凯. 某高速公路山体边坡变形监测与分析[J]. 岩石力学与工程学报, 2004, 23（2）: 299-302.

[72] 汪家林, 徐湘涛, 汪贤良, 等. 汶川8.0级地震对紫坪铺左岸坝前堆积体稳定性影响的监测分析[J]. 岩石力学与工程学报, 2009, 28（6）: 1279-1287.

[73] AGHDA S M, GANJALIPOUR K, NABIOLLAHI K, et al. Comparison of performance of inclinometer casing and TDR technique[J]. Journal of Applied Geophysics, 2018, 150: 182-194.

[74] 童星, 李育超, 柯瀚, 等. 土-膨润土隔离墙应力状态与固结行为的现场试验研究[J]. 岩

土力学，2018，39（6）：2131-2138.

[75] PEI H F, ZHANG S Q, BORANA L, et al. Slope stability analysis based on real-time displacement measurements[J]. Measurement, 2019, 131: 686-693.

[76] 胡志新，马云宾，谭东杰，等. 基于光纤光栅传感的管道滑坡监测方法研究[J]. 光子学报，2010，39（1）：33-36

[77] 陈云敏，陈赟，陈仁朋，等. 滑坡监测TDR技术的试验研究[J]. 岩石力学与工程学报，2004，23（16）：2748-2755.

[78] 李红刚. TDR技术在滑坡变形监测中的适宜性试验研究[D]. 北京：中国地质大学，2009.

[79] YAN E C, SONG K, LI H G. Applicability of time domain reflectometry for Yuhuangge landslide monitoring[J]. Journal of Earth Science, 2010, 21（6）：856-860.

[80] 倪克闯，高文生. 阵列式位移计测试技术在土-结构体系振动台模型试验中的应用[J]. 岩土力学，2014，35（Z2）：278-283.

[81] BENNETT V, ABDOUN T, DANISCH L, et al. Unstable slope monitoring with a wireless shape-acceleration array system[C]//7th FMGM 2007: Field Measurements in Geomechanics. 2007, 1-12.

[82] ABDOUN T, BENNETT V, DANISCH L, et al. Real-time construction monitoring with a wireless shape-acceleration array system[C]//Proceedings of GeoCongress: Characterization, Monitoring, and Modeling of GeoSystems. 2008, 533-540.

[83] ROLLINS K M, GERBER T M, CUMMINS C R, et al. Monitoring displacement vs. depth in lateral pile load tests using shape accelerometer arrays[C]//Proceedings: 17th International Conference on Soil Mechanics and Geotechnical Engineering. 2009, 5: 2016-2019.

[84] 唐柏赞，李小军，陈苏，等. 可液化地基-非规则截面地铁车站地震变形研究[J]. 振动与冲击，2020，39（11）：217-225.

[85] 陈贺，李亚军，房锐，等. 滑坡深部位移监测新技术及预警预报研究[J]. 岩石力学与工程学报，2015，34（S2）：4063-4070.

[86] 王学仁. 光纤传感器[M]. 武汉：华中理工大学出版社，1989.

[87] HONG C Y, ZHANG Y F, ZHANG M X, et al. Application of FBG sensors for geotechnical health monitoring, a review of sensor design, implementation methods and packaging techniques[J]. Sensors and Actuators A: Physical, 2016, 244: 187-197.

[88] 施斌，张丹，朱鸿鹄. 地质与岩土工程分布式光纤监测技术[M]. 北京：科学出版社，2019.

[89] Mendez A, Morse T F, Mendez F. Applications of embedded optical fiber sensors in reinforced concrete buildings and structures[C]. In Fiber Optic Smart Structures and Skins Ⅱ, 1990, 1170: 60-69.

[90] 李宏男，李东升. 土木工程结构安全性评估、健康监测及诊断述评[J]. 地震工程与工程振动，2002，22（3）：82-90.

[91] WU Z S, TAKAHASHI T, SUDO K. An experimental investigation on continuous strain and crack monitoring with fiber optic sensors[J]. Concrete Research and Technology, 2002, 13（2）：139-148.

[92] MOYO P, BROWNJOHN J M W, SURESH R, et al. Development of fiber Bragg grating

sensors for monitoring civil infrastructure[J]. Engineering Structures, 2005, 27（12）: 1828-1834.

[93] FRIEDEN J, CUGNONI J, BOTSIS J, et al. High-speed internal strain measurements in composite structures under dynamic load using embedded FBG sensors[J]. Composite Structures, 2010, 92（8）: 1905-1912.

[94] 柴敬, 邱标, 李毅, 等. 钻孔植入光纤Bragg光栅检测岩层变形的模拟实验[J]. 采矿与安全工程学报, 2012, 29（1）: 44-47.

[95] 张丹, 张平松, 施斌, 等. 采场覆岩变形与破坏的分布式光纤监测与分析[J]. 岩土工程学报, 2015, 37（5）: 952-957.

[96] HILL K O, FUJII Y, JOHNSON D C, et al. Photosensitivity in optical fiber waveguides: Application to reflection filter fabrication[J]. Applied Physics Letters, 1978, 32（10）: 647-649.

[97] SCHMIDT-HATTENBERGER C, NAUMANN M, BORM G. Fiber Bragg grating strain measurements in comparison with additional techniques for rock mechanical testing[J]. IEEE sensors Journal, 2003, 3（1）: 50-55.

[98] BAO X Y, DE MERCHANT M, BROWN A, et al. Tensile and compressive strain measurement in the lab and field with the distributed Brillouin scattering sensor[J]. Journal of Lightwave Technology, 2001, 19（11）: 1698-1704.

[99] 施斌, 丁勇, 徐洪钟, 等. 分布式光纤应变测量技术在滑坡早期预警中的应用[J]. 工程地质学报, 2004, 12（S1）: 515-518.

[100] 施斌, 徐学军, 王镝, 等. 隧道健康诊断BOTDR分布式光纤应变监测技术研究[J]. 岩石力学与工程学报, 2005, 24（15）: 2622-2628.

[101] 李焕强, 孙红月, 刘永莉, 等. 光纤传感技术在边坡模型试验中的应用[J]. 岩石力学与工程学报, 2008, 27（8）: 1703-1708.

[102] 刘永莉, 尚岳全, 于洋. BOTDR技术在边坡表面变形监测中的应用[J]. 吉林大学学报（地球科学版）, 2011, 41（3）: 777-783.

[103] SUN Y J, SHI B, ZHANG D, et al. Internal Deformation Monitoring of Slope Based on BOTDR[J]. Journal of Sensors, 2016, 2016: 1-8.

[104] BAO X Y, CHEN L. Recent progress in distributed fiber optic sensors[J]. Sensors, 2012, 12（7）: 8601-8639.

[105] 焦浩然, 施斌, 魏广庆, 等. 基于BOFDA的感测光纤温度系数影响因素研究[J]. 电子测量与仪器学报, 2018, 32（1）: 73-80.

[106] 庞伟军, 邓清禄, 熊建, 等. 基于BOTDA的光纤传感技术在边坡变形监测中的应用研究[J]. 安全与环境工程, 2012, 19（6）: 28-33.

[107] 朱鸿鹄, 施斌, 严珺凡, 等. 基于分布式光纤应变感测的边坡模型试验研究[J]. 岩石力学与工程学报, 2013, 32（4）: 821-828.

[108] 宋占璞, 施斌, 汪义龙, 等. 削坡作用土质边坡变形分布式光纤监测试验研究[J]. 工程地质学报, 2016, 24（6）: 1110-1117.

[109] 卢毅, 于军, 龚绪龙, 等. 基于BOFDA的地面塌陷变形分布式监测模型试验研究[J]. 高

校地质学报，2018，24（5）：778-786.

[110] CULSHAW B, DAKIN J. 光纤传感器[M]. 李少慧，宁雅农，李志高，等，译. 武汉：华中理工大学出版社，1997.

[111] ANSARI F, NAVALURKAR R K. Kinematics of crack formation in cementitious composites by fiber optics[J]. Journal of Engineering Mechanics, 1993, 119(5): 1048-1061.

[112] SIENKIEWICZ F, SHUKLA A. A simple fiber-optic sensor for use over a large displacement range[J]. Optics and Lasers in Engineering, 1997, 28（4）: 293-304.

[113] PINTO N M P, FRAZAO O, BAPTISTA J M, et al. Quasi-distributed displacement sensor for structural monitoring using a commercial OTDR[J]. Optics and lasers in Engineering, 2006, 44（8）: 771-778.

[114] 丁睿，刘浩吾. 分布式光纤传感技术在裂缝检测中的应用[J]. 西南交通大学学报，2003，38（6）: 651-654.

[115] LUO F, LIU J Y, MA N B, et al. A fiber optic microbend sensor for distributed sensing application in the structural strain monitoring[J]. Sensors and Actuators A: Physical, 1999, 75（1）: 41-44.

[116] XIE G P, KEEY S L, ASUNDI A. Optical time-domain reflectometry for distributed sensing of the structural strain and deformation[J]. Optics and Lasers in Engineering, 1999, 32（5）: 437-447.

[117] 李川，张以谟，刘铁根，等. 光纤双向应变-位移点式传感器[J]. 光子学报，2003，32（4）: 448-450.

[118] KWON I B, KIM C Y, SEO D C, et al. Multiplexed fiber optic OTDR sensors for monitoring of soil sliding[C]//Proceedings of the 18th Imeko World Congress Metrology for a Sustainable Development, Rio de Janeiro, Brazil. 2006: 17-22.

[119] 柴敬，魏世明，常心坦，等. 岩梁变形监测的分布式光纤传感技术[J]. 岩石力学与工程学报，2004，23（23）: 4068-4071.

[120] 唐天国，朱以文，蔡德所，等. 光纤岩层滑动传感监测原理及试验研究[J]. 岩石力学与工程学报，2006，25（2）: 340-344.

[121] HIGUCHI K, FUJISAWA K, ASAI K, et al. Application of new landslide monitoring technique using optical fiber sensor at Takisaka Landslide, Japan[C]//AEG Special Publication Proceedings of the First North American Landslide Conference, Vail, Colorado, USA. 2007: 1074-1083.

[122] 包腾飞，赵津磊，阎培林，等. 一种新型大量程裂缝光纤传感器[J]. 中国科学：技术科学，2015，45（9）: 984-990.

[123] MARZUKI A, HERIYANTO M, SETIYADI I D, et al. Development of landslide early warning system using macro-bending loss based optical fibre sensor[J]. Journal of Physics: Conference series, 2015, 622（1）: 012059.

[124] CHENG L, LI Y M, MA Y M, et al. The sensing principle of a new type of crack sensor based on linear macro-bending loss of an optical fiber and its experimental investigation[J]. Sensors and Actuators A: Physical, 2018, 272: 53-61.

[125] MENG L J, WANG L B, XIONG H X, et al. An investigation in the influence of helical structure on bend loss of pavement optical fiber sensor[J]. Optik, 2019, 183: 189-199.

[126] MOREY W W, MELTZ G, GLENN W H. Fiber optic Bragg grating sensors[C]//Fiber Optic and Laser Sensors Ⅶ, 1990, 1169: 98-107.

[127] YOSHIDA Y, KASHIWAI Y, MURAKAMI E, et al. Development of the monitoring system for slope deformations with fiber Bragg grating arrays[C]//Smart Structures and Materials 2002: Smart Sensor Technology and Measurement Systems. 2002, 4694: 296-303.

[128] 代志勇，袁勇，刘永智. 基于光纤应力传感的山体滑坡监测系统研究[J]. 光学与光电技术，2004, 2（3）: 51-53.

[129] HO Y T, HUANG A B, LEE J T. Development of a fibre Bragg grating sensored ground movement monitoring system[J]. Measurement Science and Technology, 2006, 17（7）: 1733-1740.

[130] LI C, ZHAO Y G, LIU H, et al. Monitoring second lining of tunnel with mounted fiber Bragg grating strain sensors[J]. Automation in Construction, 2008, 17（5）: 641-644.

[131] 陈凌军. 光纤光栅传感技术在滑坡监测中的应用[D]. 秦皇岛：燕山大学，2010.

[132] 陈朋超，李俊，刘建平，等. 光纤光栅埋地管道滑坡区监测技术及应用[J]. 岩土工程学报，2010, 32（6）: 897-901.

[133] PEI H F, YIN J H, ZHU H H, et al. Monitoring of lateral displacements of a slope using a series of special fibre Bragg grating-based in-place inclinometers[J]. Measurement Science and Technology, 2012, 23（2）: 025007.

[134] GUO Y X, ZHANG D S, FU S B, et al. Development and operation of a fiber Bragg grating based online monitoring strategy for slope deformation[J]. Sensor Review, 2015, 35（4）: 348-356.

[135] ZHANG Q H, WANG Y, SUN Y Y, et al. Using custom fiber Bragg grating-based sensors to monitor artificial landslides[J]. Sensors, 2016, 16（9）: 1417-1430.

[136] ZHENG Y, HUANG D, SHI L. A new deflection solution and application of a fiber Bragg grating-based inclinometer for monitoring internal displacements in slopes[J]. Measurement Science and Technology, 2018, 29（5）: 055008.

[137] XU D S, BORANA L, YIN J H. Measurement of small strain behavior of a local soil by fiber Bragg grating-based local displacement transducers[J]. Acta Geotechnica, 2014, 9(6): 935-943.

[138] 徐东升. 一种新型光纤光栅局部位移计在小应变测量中的应用[J]. 岩土工程学报，2017, 39（7）: 1330-1335.

[139] WANG Z F, WANG J, SUI Q M, et al. Deformation reconstruction of a smart Geogrid embedded with fiber Bragg grating sensors[J]. Measurement Science and Technology, 2015, 26（12）: 125202.

[140] WANG Z F, WANG J, SUI Q M, et al. In-situ calibrated deformation reconstruction method for fiber Bragg grating embedded smart Geogrid[J]. Sensors and Actuators A: Physical, 2016, 250: 145-158.

[141] MAHESHWARI M, YANG Y, UPADRASHTA D, et al. Fiber Bragg Grating (FBG) based magnetic extensometer for ground settlement monitoring[J]. Sensors and Actuators A: Physical, 2019, 296: 132-144.

[142] HONG C Y, ZHANG Y Y, YANG Y, et al. A FBG based displacement transducer for small soil deformation measurement[J]. Sensors and Actuators A: Physical, 2019, 286: 35-42.

[143] YOU R Z, REN L, SONG G. A novel fiber Bragg grating (FBG) soil strain sensor[J]. Measurement, 2019, 139: 85-91.

[144] LEE W J, LEE W J, LEE S B, et al. Measurement of pile load transfer using the fiber Bragg grating sensor system[J]. Canadian Geotechnical Journal, 2004, 41 (6): 1222-1232.

[145] YIN J H, ZHU H H, JIN W, et al. Performance evaluation of electrical strain gauges and optical fiber sensors in field soil nail pullout tests[C]//Geotechnical Advancements in Hong Kong Since 1970, the HKIE Geotechnical Division 27th Annual Seminar Hong Kong [sn]. 2007: 249-254.

[146] WANG H L, PENG L, ZHAO Z G, et al. On the application of fiber Bragg Grating strain piles for monitoring the slope of mountain substations, Structural Health Monitoring and Integrity Management[C]//Proceedings of the 2nd International Conference of Structural Health Monitoring and Integrity Management (ICSHMIM 2014), Nanjing, China, 24—26 September 2014. Carabas, Florida, USA: CRC Press, 2015: 379-384.

[147] LEAL-JUNIOR A G, THEODOSIOU A, DÍAZ C R, et al. Simultaneous measurement of axial strain, bending and torsion with a single fiber Bragg grating in CYTOP fiber[J]. Journal of Lightwave Technology, 2019, 37 (3): 971-980.

[148] ZHANG P, CERECEDO-NUNEZ H H, QI B, et al. Optical time-domain reflectometry interrogation of multiplexing low-reflectance Bragg grating-based sensor system[J]. Optical Engineering, 2003, 42 (6): 1597-1604.

[149] 刘胜，韩新颖，熊玉川，等. 基于低反射率光纤光栅阵列的分布式振动探测系统[J]. 中国激光，2017，44（2）：307-312.

[150] 廖延彪，黎敏，张敏. 光纤传感技术与应用[M]. 北京：清华大学出版社，2009.

[151] NING Y N, GRATTAN K T V, WANG W M, et al. A systematic classification and identification of optical fibre sensors[J]. Sensors and Actuators A: Physical, 1991, 29 (1): 21-36.

[152] 丁小平，王薇，付连春. 光纤传感器的分类及其应用原理[J]. 光谱学与光谱分析，2006，26（6）：1176-1178.

[153] LIEHR S, LENKE P, WENDT M, et al. Polymer optical fiber sensors for distributed strain measurement and application in structural health monitoring[J]. IEEE Sensors Journal, 2009, 9 (11): 1330-1338.

[154] 叶培大. 光纤理论[M]. 北京：知识出版社，1985.

[155] KWON H, KIM S, YEOM S, et al. Analysis of nonlinear fitting methods for distributed measurement of temperature and strain over 36 km optical fiber based on spontaneous Brillouin backscattering[J]. Optics Communications, 2013, 294: 59-63.

[156] DONG B, WANG Y X, YU C Y. Intensity-modulated micro-displacement sensor with an embedded fiber dual cladding modes interferometer[J]. Sensors and Actuators A: Physical, 2015, 236: 334-337.

[157] CHENG L, SONG F B, ZHANG K, et al. A U-shaped-wound fiber macro-bending loss crack sensor improved by an optical splitter[J]. Optical Fiber Technology, 2020, 58, 102259.

[158] FIELDS J N, ASAWA C K, RAMER O G, et al. Fiber optic pressure sensor[J]. The Journal of the Acoustical Society of America, 1980, 67（3）: 816-818.

[159] 杜彦良, 金秀梅, 孙宝臣, 等. 基于普通光纤的螺旋缠绕式准分布光纤传感器的研究[J]. 工程力学, 2004, 21（1）: 48-51.

[160] 柴敬, 魏世明. 相似材料中光纤传感检测特性分析[J]. 中国矿业大学学报, 2007, 36（4）: 458-462.

[161] 王惠文. 光纤传感技术与应用[M]. 北京: 国防工业出版社, 2001.

[162] 罗志会, 蔡德所, 文泓桥, 等. 一种超弱光纤光栅阵列的定位方法[J]. 光学学报, 2015, 35（12）: 1206006.

[163] 张彩霞, 张震伟, 郑万福, 等. 超弱反射光栅准分布式光纤传感系统研究[J]. 中国激光, 2014, 41（4）: 147-151.

[164] 范永波, 侯岳峰, 李世海, 等. 基于地表及深部位移监测的滑坡稳定性分析[J]. 工程地质学报, 2013, 21（6）: 885-891.

[165] VALENC A J, DIAS-DA-COSTA D, JÚLIO, E, et al. Automatic crack monitoring using photogrammetry and image processing[J]. Measurement, 2013, 46（1）: 433-441.

[166] TSAI K H, KIM K S, MORSE T F. General solutions for stress-induced polarization in optical fibers[J]. Journal of Lightwave Technology, 1991, 9（1）: 7-17.

[167] JIN X Q, PAYNE F P. Numerical investigation of microbending loss in optical fibres[J]. Journal of Lightwave Technology, 2016, 34（4）: 1247-1253.

[168] ZHU Z W, LIU D Y, YUAN Q Y, et al. A novel distributed optic fiber transduser for landslides monitoring[J]. Optics and Lasers in Engineering, 2011, 49（7）: 1019-1024.

[169] 李安洪, 周德培, 冯君. 顺层岩质路堑边坡破坏模式及设计对策[J]. 岩石力学与工程学报, 2009, 28（S1）: 2915-2921.

[170] RAO Y J, KALLI K, BRADY G. Spatially multiplexed fiber-optic Bragg grating strain and temperature sensor system based on interferometric wavelength-shift detection[J]. Electronics Letters, 1995, 31（12）: 1099-1010.

[171] PARK Y E. Longitudinal shear transfer in fiber optic sensors[J]. Smart Materials and Structures, 1999, 1（1）: 57-62.

[172] ANSARI F, YUAN L B. Mechanics of band and interrace shear transfer in optical fiber sensor[J]. Journal of engineering mechanics, 1998, 124（4）: 385-394.

[173] 周智, 李冀龙, 欧进萍. 埋入式光纤光栅界面应变传递机理与误差修正[J]. 哈尔滨工业大学学报, 2006, 38（1）: 49-55.

[174] 李东升, 李宏男. 埋入式封装的光纤光栅传感器应变传递分析[J]. 力学学报, 2005, 37（4）: 435-441.

[175] 张桂花. 表面黏贴式光纤光栅传感原理及其实验研究[D]. 西安科技大学，2013.

[176] WESTERGAARD H M. Deflections of beams by the conjugate beam method[J]. Journal of the Western Society of Engineers, 1921, 26（11）: 369-396.

[177] WANG Y M, GONG J M, WANG D Y, et al. A large serial time-division multiplexed fiber Bragg grating sensor network [J]. Journal of Lightwave Technology, 2012, 30（17）: 2751-2756.

[178] ZHENG Y, ZHU Z W, DENG Q X, et al. Theoretical and experimental study on the fiber Bragg grating-based inclinometer for slope displacement monitoring[J]. Optical Fiber Technology, 2019, 49: 28-36.